Jutta D. Blume
Gekonnt reden im Beruf

Jutta D. Blume

Gekonnt reden im Beruf

Das Geheimnis erfolgreicher Frauen

Ein Kommunikationstraining

Bibliografische Information der Deutschen Nationalbibliothek
Die Deutsche Nationalbibliothek verzeichnet diese Publikation in der Deutschen
Nationalbibliografie; detaillierte bibliografische Daten sind im Internet über
http://dnb.ddb.de abrufbar.

ISBN 978-3-86910-760-8

Dieses Buch gibt es auch als E-Book: ISBN 978-3-86910-941-1

Die Autorin: Jutta D. Blume ist Coach und Trainerin in den Bereichen Kommunikation, Vertrieb/Verkauf, Führung, Teamarbeit und Konfliktmanagement. Mit
jahrelangem Know-how aus der Praxis verhilft die Dipl.-Psychologin und NLP-
Trainerin zu Freude im Beruf und selbstbewusstem, authentischem Auftreten mit
Herz und Verstand.

Originalausgabe

© 2010 humboldt
Eine Marke der Schlüterschen Verlagsgesellschaft mbH & Co. KG,
Hans-Böckler-Allee 7, 30173 Hannover
www.schluetersche.de
www.humboldt.de

Lektorat:	Angelika Lenz, Steinheim an der Murr
Covergestaltung:	DSP Zeitgeist GmbH, Ettlingen
Innengestaltung:	akuSatz Andrea Kunkel, Stuttgart
Titelfoto:	Shutterstock/Yuri Arcurs
Satz:	PER Medien+Marketing GmbH, Braunschweig
Druck:	Grafisches Centrum Cuno GmbH & Co. KG, Calbe

Hergestellt in Deutschland.
Gedruckt auf Papier aus nachhaltiger Forstwirtschaft.

Inhalt

Vorwort

Wir befinden uns mitten in einem Umbruch. Umwelt-katastrophen erreichen ein neues Ausmaß. Die Welt hat begonnen, neue Prioritäten einzufordern. Neue Prioritäten im Umgang mit der Natur, miteinander, mit uns selbst. Es scheint, als ob egoistisches Verhalten heute weniger Erfolg hat als früher. Als ob wir nur miteinander – weltweit wie im engen Umfeld – eine Chance haben, diese Krisen zu bestehen, die uns derzeit gestellt werden, und nicht mehr gegeneinander oder als Einzelkämpfer, auf den eigenen Vorteil ausgerichtet. Das gilt nicht nur für die Weltpolitik, sondern auch für uns. Für unsere privaten Beziehungen genauso wie für die Beziehungen, die wir im Berufs-leben pflegen: mit unseren Kollegen, Mitarbeitern, Chefs, aber auch unseren Kunden und Geschäftspartnern.

Vor nicht allzu langer Zeit war das Berufsleben, der Busi-ness- und Managementbereich das alleinige Terrain der Männer. Inzwischen beinhaltet die moderne Manage-mentlehre zahlreiche weibliche Fähigkeiten und hat sie mit wohlklingenden Fachbegriffen benannt: Win-win (Situa-tionen mit positivem Ausgang für alle Beteiligten), Innova-tionsmanagement, Just-in-time (aufeinander abgestimmte Termine), Coaching, komplexe Planung und Koordina-tion, EQ (emotionaler Quotient), Teamwork, Kundenorien-tierung … Menschliche Bindungen zu schaffen und aufrechtzuerhalten – eine der Hauptstärken von Frauen – wird immer wichtiger. Wir Frauen sind in der Wirtschaft richtiggehend „in" geworden – ein Trendartikel. Wir dürfen nicht den Fehler machen zu versuchen, die Männer zu kopieren – was die immer noch einseitig „männlich" geprägte Berufswelt braucht, ist das Weibliche. Die Zeit ist reif für ein ausgewogenes Miteinander mit gegenseitigem Respekt. Wir müssen den Kampf der Geschlechter endlich gemeinsam gewinnen. Und das können wir nur, indem wir ihn rigoros beenden – im Innen wie im Außen.

Einleitung

Es gibt viele Ratgeber für erfolgreiche Kommunikation, und die meisten empfehlen uns männliche Strategien, weihen uns in deren „Spielregeln der Macht" ein. Taktik, Dominanzverhalten, Durchsetzungskraft, dem Gegenüber Respekt oder gar Angst einflößen, gegen ihn gewinnen. Es ist gut, diese Methoden zu kennen, doch soll das heißen, wir können nur auf männliche Weise erfolgreich sein? Ist Erfolg denn männlich?

Wir haben alle „weibliche" und „männliche" Eigenschaften in uns, man kann sie unseren inneren männlichen und weiblichen Teil nennen. Diese finden in unseren beiden Gehirnhälften ihr Zuhause. Die linke Gehirnhälfte beheimatet unsere so genannten männlichen Fähigkeiten, die rechte die so genannten weiblichen. In diesem Buch befassen wir uns zunächst mit unseren weiblichen Fähigkeiten und „graben" diese wieder aus, um sie neu wertzuschätzen. Hier geht es etwa darum, den Draht zu unserer berühmt-berüchtigten weiblichen Intuition herzustellen, um Weichheit, Liebe sich selbst gegenüber und um Methoden, wie man sich optimal auf sein Gegenüber einstimmt. Mit der Kraft unserer „inneren Frau" bauen wir zunächst uns selbst und dann Verbindungen zu anderen auf. Es entsteht ein unsichtbarer, kraftvoller Magnetismus.

Anschließend wenden wir uns unseren inneren „männlichen" Fähigkeiten zu, wie unserem logischen Verstand, Struktur, selbstbewusste Kommunikation und entschlossenem Handeln. Sie erfahren zahlreiche Möglichkeiten, auch in schwierigen Gesprächssituationen elegant und selbstsicher aus Ihrer inneren Kraft heraus zu agieren. Unserer „innerer Mann" repräsentiert unseren Mut, Veränderungen herbeizuführen und die Fähigkeit, zielorientiert und überzeugend aufzutreten. Dieser Teil des Buches richtet sich an die friedvolle, mutige Kriegerin in uns, die authentisch und kraftvoll agiert – nicht reagiert. Beide sind ein echtes Dreamteam und, wenn sie zusammenhalten, nahezu unschlagbar.

Die innere Polarität der Frauen

„Das Bewegliche überwindet das Harte.
Das Gelassene überwindet das Aufgeregte."

Aus dem Tao Te King

Wir Frauen sind für Männer unberechenbar, da wir oft ganz anders reagieren als sie. Wir tragen viele Gegensätze in uns: Verletzlichkeit und Mut, Angst und Liebe, Nachgiebigkeit und Kampfgeist … Und wir sind nicht jeden Tag in der gleichen Verfassung. Was uns heute kaltlässt, regt uns morgen vielleicht total auf. Was wir uns heute zutrauen, macht uns morgen vielleicht Angst. Für den (männlichen) Verstand ist das unlogisch, „irrational" und nicht begreifbar. Da die Männer uns nie so ganz einschätzen können, unser Verhalten nicht kalkulierbar ist, sind wir eine ständige, unbewusste Irritation für sie. Manche halten daher zusammen,

Viele Männer haben unbewusst Angst vor Frauen. Deshalb halten sie zusammen.

arbeiten ab einer bestimmten Hierarchieebene lieber mit „Ihresgleichen" zusammen. Der ein oder andere versucht sich mit mehr oder weniger dezenter Unterdrückung Sicherheit zu verschaffen, ein anderer spielt den Arroganten, macht sich über einen Vorschlag von uns lustig usw. Dieses Verhalten müssen wir ihnen nicht ernsthaft verübeln, es ist psychologisch in ihrer unbewussten Angst vor Frauen begründet und aus ihrer Sicht sogar irgendwie verständlich. Wir reagieren ja auch mit Irritation, wenn wir etwas nicht verstehen. Indem wir jedoch gegen Männer arbeiten, bestärken wir deren Berührungsängste. Es ist die Aufgabe der erwachsenen, selbstbewussten „neuen" Frau, diese Kluft zu überwinden und den uralten Kampf der Geschlechter endlich zu beenden. Wir können uns heute als Ergänzungen sehen, mit der Chance auf ein strahlendes Gesamtergebnis von noch nie da gewesener Schönheit und Effektivität – und dementsprechend auftreten: selbstbewusst, stark und großmütig.

Warum sind wir manchmal so wankelmütig? Wir unterliegen während unseres Zyklus phasenweise dem Einfluss vollkommen gegensätzlich wirkender Hormone. Manche von ihnen beeinflussen unseren Gemützstand in Richtung „männlicher" Verhaltensweisen, manche in Richtung „weiblicher". Je nachdem, in welcher Phase wir gerade sind, denken, fühlen und handeln wir mal eher durchsetzungsstark und mal eher weich. Genial, wenn wir wissen, was wir zu welcher Zeit am besten können.

In der ersten Phase, die vom Ende der Menstruation bis zum Eisprung dauert, sind wir total in unserer „Yin-Energie". Hier ist unsere „innere Frau" am stärksten in ihrem Element – unser innerer Mond. Das Yin dient dem Bewahren und Beschützen, der inneren Stille. Diese Zeit eignet sich daher ganz hervorragend zum Sammeln unserer Kräfte, zum Auftanken, zum Träumen und Entstehenlassen von Visionen, für Meditation, zur Innenschau und Kontaktaufnahme mit unserer weiblichen Intuition (natürlich nicht ausschließlich). In dieser Phase können wir über Wünsche und Gefühle einen starken Magnetismus aufbauen, der uns ab sofort als Anziehungskraft für hilfreiche Personen und Situationen dient. Während dieser Zeit sind wir besonders kompromissbereit, kreativ, nachgiebig, mitfühlend und weich (kein guter Zeitpunkt für harte Gehaltsverhandlungen, aber ein guter für geistiges Arbeiten und um Magnetismus aufzubauen). Der Eisprung ist der Übergang von unserem Yin zum Yang.

Yin und Yang – zwei Pole eines Ganzen

In der chinesischen daoistischen Philosophie stellen Yin und Yang zwei gegensätzliche Prinzipien oder Kräfte dar, die sich ergänzen und nicht voneinander zu trennen sind. Keines kann ohne das andere existieren. Das ganze Universum und alles Leben in ihm unterliegt diesen Kräften, die zusammen die Lebensenergie ausmachen. Yang ist das männliche, Yin das weibliche Prinzip. Ein Leben in Harmonie erreichen wir, wenn Yin und Yang im Gleichgewicht sind – im Innen wie im Außen.

In der zweiten Phase, die nach dem Eisprung beginnt und bis zur Menstruation dauert, kommen wir mehr und mehr in unsere „Yang-Energie". Hier ist unser „innerer Mann", unsere innere Sonne, zu Hause. Mit unserem Yang können wir vieles in Bewegung bringen, Dinge verändern, entschlossen beenden oder Neues kraftvoll beginnen. Dieser Zeitraum eignet sich besonders gut für körperliche Aktivität und für Handlungen, die Durchsetzungsfähigkeit, Mut und Kraft erfordern. Für Termine, bei denen wir Selbstbewusstsein und Konfrontationsbereitschaft benötigen – ein guter Zeitpunkt also für die praktische Umsetzung unserer Pläne der Yin-Phase. Hier können wir, wenn nötig, im übertragenen Sinne auch mal auf den Tisch hauen.

Je näher es an die Menstruation herangeht, umso mehr kippt unser starkes Yang wieder in ein junges, verletzliches Yin um. Daher die extremen Stimmungsschwankungen in diesen letzten ein bis zwei Tagen, unser Gebeuteltsein zwischen Aggression und Weinerlichkeit. Das PMS (prämenstruelle Syndrom) ist vielen von uns körperlich wie seelisch bekannt. In dieser Zeit ist es hilfreich, nicht jeden tragischen Gedanken, der uns in den Kopf und alle Eingeweide fährt, allzu ernst zu nehmen oder spontan auftretende emotionale Reaktionen blindlings auszuleben. Hier ist es sinnvoller, liebevoll mit sich selbst abzuwarten, bis „der Anfall" vorüber ist und dann aus unserer ausbalancierten Mitte ebenso weise wie kraftvoll zu handeln.

Diese inneren Gegensätze können starke Verbündete sein. Wenn wir sie gezielt im Kontakt einsetzen, irritiert das den Gesprächspartner zuweilen, vor allem, wenn er männlich ist, doch es kann ihn auch faszinieren, magnetisieren, in den Bann ziehen – weil es mit Logik nicht zu fassen ist. Die Stimme unseres Gefühls (Yin) und die unseres Verstandes (Yang) liegen allerdings auch selbst manchmal miteinander im Clinch. Anstatt sie innerlich „streiten" zu lassen, können wir diese gegensätzlichen Pole nutzen, um sie für brillante Lösungen komplexer wie alltäglicher Themen heranzuziehen. Lassen Sie im „Streitfall" jeden inneren Aspekt seine Ansicht und positive Absicht formulieren – es gibt immer eine. Sobald Sie beide positiven Absichten ehrlich wertgeschätzt haben, können Sie beginnen, kreativ eine machbare Lösung zu erarbeiten, die die Argumente beider Seiten berücksichtigt.

Geheimnis Nr. 1
Erfolgreiche Frauen nutzen innere Konflikte für brillante Lösungen.

Die Magie unserer inneren Frau – weibliche Stärken

„Lebe dieses Leben, als wäre es dein einziges."   Osho

Die Energie des Yin dient dem Bewahren dessen, was ist. Es hält alles zusammen, beschützt, kühlt, beruhigt und wirkt ausgleichend. Yin repräsentiert die Stille, das Weiche, das empfängliche Prinzip; hier sind die Kunst des Wartens auf den richtigen Moment, Vertrauen, Intuition und die Kraft unserer Träume und Gefühle zu Hause. Die Stärke des Yin liegt auch im Sichausruhen, in der Sammlung und geistigen Vorbereitung. Es trägt die Würde einer Königin in sich.

Das Bewusstsein von Schwächen ist nur durch den Vergleich mit Menschen mit anders gelagerten Stärken entstanden. Im Grunde hat jeder Mensch einfach gewisse Fähigkeiten und Talente, die er in seinem Leben nutzen kann. Punkt. Wenn man sich in einem Bereich schwach fühlt, kann dies ein Hinweis darauf sein, dass man sich nicht im richtigen Spielfeld bewegt. Den Fokus auf Schwächen zu legen ist Unsinn; es ist der Blick in unseren Schatten, doch wir sollten stattdessen nach unserem strahlenden Licht Ausschau halten. Jeder hat beides. Unsere Stärken verhelfen uns zu einem natürlichen Empfinden unserer inneren Würde im menschlichen Miteinander jenseits kräftezehrender Konkurrenzkämpfe und Vergleiche mit wem auch immer. Und zur gegenseitigen Wertschätzung mit dem einzig sinnvollen Ziel, der optimalen Ergänzung.

Ich weiß nicht, wie es Ihnen geht – ich mache lieber Dinge, die ich gut kann. Ich strebe daher an, Aufgaben, die mir nicht liegen, an jemanden abzugeben, der hierfür nicht nur mehr Begeisterung, sondern auch das nötige Talent aufweist. So kann ich mich mit ganzer Kraft und ungebremster Freude auf die Bereiche konzentrieren, die mir wirklich liegen. Das ist nicht nur sinnvoll für das Unternehmen und die Volkswirtschaft, sondern auch für meine lieben Kollegen. Wenn nämlich alle das tun dürfen, was sie können (und mögen!), spart das Zeit und verhindert Fehler, schlechte Stimmung und Krankheitstage, die die Firma teuer zu stehen kommen. Es fördert gute Teamleistungen und zufriedene Kunden. Alle haben also was davon. Die Zukunft wird so aussehen, davon bin ich überzeugt.

Zu wissen, wie wir selbst ticken, schafft Klarheit – und dazu zu stehen, eine bessere Ausstrahlung. Es gibt so viele Bereiche, in denen Frauen durchschnittlich eine größere Begabung als Männer aufweisen, warum beruflich nicht einfach davon Gebrauch machen?

Geheimnis Nr. 2
Die erfolgreiche Frau weiß, was ihr liegt, und wählt bewusst und voller Freude die zu ihr dazu passende Tätigkeit.

Frauen haben die bessere Auffassungsgabe, ein höherentwickeltes Detailgedächtnis, ausgeprägtere sprachliche Fähigkeiten. Wir haben in der Regel den besseren Ordnungssinn, ein entwickelteres ästhetisches Empfinden, sind diplomatischer und friedlicher – schon als kleine Mädchen. Wir sind besser im Organisieren und stärker im Chaosmanagement, da wir bekanntlich multitaskingfähig sind. Wir sind vergleichsweise geduldiger, können besser warten. (Wenn wir es damit allerdings übertreiben, warten wir noch am Sankt-Nimmerleinstag.)

Man kann sagen, wir Frauen denken und handeln eher nach Kriterien wie Nähe, Vertrautheit und Sympathie. Wir leben eher vom Herzen, unserer Intuition und dem Gefühl her unser Leben, während Männer es eher vom Kopf, von der Logik und dem Verstand her tun und von klein auf hierarchisch denken und spielen – in großen Gruppen mit einem Anführer und den entsprechenden Rangeleien um den obersten Posten.

Wir Frauen haben es von Natur aus leichter, mit anderen Verständnis und auch Mitgefühl zu haben, uns in sie einzufühlen. Wir sind nicht nur im Vorteil, wenn es um Intuition und den so genannten sechsten Sinn geht, wir können bei Meditationen oder Entspannungsverfahren auch besser loslassen und dadurch schneller auftanken und sind vielleicht deswegen zäher. Da wir aufgrund unserer heute üblichen guten Ausbildung auch mit beruflichen Qualifikationen dienen

Wir Frauen können neben unserem Verstand auch die Intelligenz unseres Herzens und unsere Intuition nutzen.

können, haben wir den enormen Vorteil, dass wir auf verschiedene und ganz andere Ressourcen zugreifen können als die meisten Männer: nämlich neben unserem wachen Verstand und Know-how auch auf die Intelligenz unseres Herzens und unsere Intuition. Und das sollten wir nutzen.

Wir haben im zwischenmenschlichen, unausgesprochenen Bereich die feineren Antennen, hören auch die Botschaft zwischen den Zeilen heraus und nehmen andere Menschen daher ganzheitlicher, jenseits von Worten und dem Offensichtlichen wahr. Nicht nur unser Körper ist dafür ausgestattet, empfänglich zu sein, auch unsere Psyche. Frauen haben eine Vorliebe für persönliche Beziehungen und diesbezüglich ausgeprägter entwickelte soziale Fähigkeiten, den höheren emotionalen IQ. So können Frauen etwa einem Gesichtsausdruck treffsicher eine Emotion zuordnen, während Männer hier oft unsicher sind und danebenliegen.

Frauen haben das größere Harmoniestreben. Wenn wir es jedoch aus übertriebenem Verantwortungsgefühl für jedermanns Glück so weit kommen lassen, dass wir uns durch „krankhafte" Hilfsbereitschaft völlig verausgaben und eigene Aufgaben und Träume vernachlässigen, wird diese Stärke zu einer Schwäche. Männer delegieren hier mehr, statt alles selbst zu tun. Der weibliche Wunsch nach Harmonie gründet sich in dem Verständnis, dass wir alle miteinander verbunden sind. Ihre Angst vor Einsamkeit mündet in dem Bestreben, sich gegenseitig zu unterstützen, Verbindungen und Sympathien aufzubauen, während Männer eher versuchen, über Kontrolle Macht über andere zu erlangen.

Einer Studie der Weltbank zufolge ist die wirtschaftliche und soziale Gleichberechtigung der Frauen gut für das Wachstum der Volkswirtschaft (Engendering Development, 2000). Es hat sich gezeigt, dass Korruption und Umweltverschmutzung abnehmen, je stärker sich Frauen am politischen und wirtschaftlichen Leben beteiligen. Frauen haben gute Managementkompetenzen, sie halten Termine besser ein, stehen zu ihren Zusagen, haben größere Selbstdisziplin und entwickeln mehr kreative, neue Ideen, statt an festgefahrenen Strukturen festzuhalten. Sie leiten Informationen schneller weiter, können die Fähigkeiten ihrer Mitarbeiter besser einschätzen und fragen um Rat, anstatt aus Selbstüberschätzung unnötige Fehler zu machen.

Frauen stellen im Gespräch mehr Fragen, während Männer klar und bestimmt Aussagen treffen. Frauen reden, um ihre Gedanken zu sortieren und sich dabei klarer zu werden – Männer reden erst, wenn sie sich klar sind. Frauen reden, um sich über Erfahrungen und Gefühle auszutauschen, Männer, um ihren Status zu festigen. Frauen reden im privaten Umfeld etwa dreimal mehr als Männer, dafür reden Männer im beruflichen Rahmen mehr. Frauen tun, was gerade getan werden muss, Männer nur, was sie weiterbringt. Grundsätzlich sollten wir Männern gegenüber daher Folgendes beachten:

1. Erst gedanklich zu einer klaren Entscheidung kommen, dann reden.
2. Sich mit Erfolgen statt mit Selbstzweifeln outen und die eigene Meinung selbstbewusst und sachlich als Aussage präsentieren.
3. Delegieren und Nein sagen lernen und nicht immer gleich „Hier" schreien, wenn jemand Unterstützung braucht. Sich nicht als Servicemädchen anbiedern (Kaffee kochen, Fotokopien machen, Akten suchen).

Selbstzweifel – die gefährlichste Schwäche der Frauen

Zuerst einmal: Jeder hat sie, die kleineren und größeren Fehler, Ängste, Macken und Schwachpunkte. Auch Nervosität und Schamgefühle, wenn man sich unsicher fühlt oder mal was schiefgeht. Natürlich auch Männer, nur gehen die seit Kindesbeinen anders damit um. Wir Frauen treten lieber von vornherein bescheiden, möglichst sympathisch und ehrlich auf, erzählen einem für nett befundenen Gesprächspartner frei heraus auch von Dingen, die schiefgegangen sind, die uns Angst machen oder in Wahrheit nicht so toll waren, wie sie vielleicht erscheinen mögen. Wir machen uns im Grunde oft schlechter, als wir eigentlich sind – um gemocht zu werden.

Damit man uns mag, machen wir uns oft schlechter, als wir sind.

Männer hingegen machen Unsicherheiten und Fehlschläge in der Regel mit sich selbst aus und erzählen ihrem Gesprächspartner lieber von ihren Stärken und Erfolgen. Kurz gesagt: Frauen wollen als Priorität Nummer eins sympathisch rüberkommen, Männer kompetent. Wen der Gesprächspartner danach wohl für fähiger in Bezug auf eine bestimmte Position oder Tätigkeit hält, ist klar.

Wir Frauen tun uns in aller Regel schwer, von uns selbst positiv zu sprechen oder Komplimente anzunehmen. Sowohl von unserer Erziehung als auch von unserer genetischen Prägung her sind wir seit Generationen auf Verbindendes statt auf Trennendes ausgerichtet. Unsere Gene „wissen", dass wir im Kreis anderer leichter gemocht werden, wenn wir „ungefährlich" auftreten. Was heißt nun ungefährlich?

In erster Linie ähnlich wie die, die uns gerade umgeben. Ja nicht den Anschein erwecken, als hielten wir uns für gut oder gar besser. Denn wenn wir besser sein wollen, könnte das für unser Gegenüber bedeuten, dass wir das Konkurrenzspiel spielen, einen mehr oder weniger spielerischen Kampf um die Vorherrschaft beginnen. Und das könnte uns Sympathien verscherzen, ja zu Ausgrenzung führen, wir könnten offen oder verdeckt angefeindet werden. Daher passen wir uns, je nach Umfeld, in unserer Selbstpräsentationsstrategie blitzschnell an und halten uns lieber im Hintergrund. Das kann eine Stärke, aber auch eine Schwäche sein. Wenn wir diesen „Understatement-Reflex" unbewusst und überall betreiben, glauben nicht nur wir selbst irgendwann daran, dass wir nichts Besonderes sind, sondern auch unser Umfeld.

Machen Sie doch mal einen kleinen Selbstcheck. Schreiben Sie spontan all Ihre positiven Seiten einschließlich all Ihrer Fähigkeiten, Kenntnisse und beruflichen Erfahrungen auf. Alles, auf was Sie stolz sein könnten und was Sie an sich mögen. Und ebenfalls Ihre negativen Seiten, Ihre Schwächen, Versagenssituationen, Macken und Versäumnisse. Jetzt.

Nicht unsere Schwächen sind das Problem, sondern unsere Selbstzweifel. Schwächen hat jeder. Den Fokus der Aufmerksamkeit darauf zu setzen hat einen hohen Preis, denn es bedeutet, dass wir dabei unsere Stärken aus den Augen verlieren. Indem wir uns auf unsere Schwächen konzentrieren, wird der Selbstzweifel genährt und zersetzt unsere innere Integrität und Würde. Er nagt an unserer Kraft und kann uns derart schwächen, dass wir nur noch ein Schatten unserer selbst sind – und das dürfen wir nicht zulassen. Jede Frau wird als erfolgreiche, besondere Frau geboren mit zahlreichen Stärken, sie vergisst es nur im Laufe der Zeit, wenn sie als Kind nicht entsprechend behandelt wird. Deswegen geht es in diesem Buch darum, sich an die Königin im inneren Reich zu erinnern. Befreien wir uns von falschen Schamgefühlen, selbst auferlegten Beschränkungen und vermeintlichen Verpflichtungen, indem wir uns Schritt für Schritt unseren Ängsten stellen und von Zeit zu Zeit die Kraft des Alleinseins kultivieren. Entwickeln wir eine innere Stimme, die als Gegengewicht zu innerer Selbstsabotage spricht und uns ermutigt. Befreien wir sanft, aber kontinuierlich unsere innere Königin.

Es herrscht in der aktuellen Literatur der Mythos, man könne entweder sympathisch agieren oder erfolgreich. Das heißt konkret, man rät uns, uns auf einen Konkurrenzkampf mit einer guten Portion Ellbogentaktik einzustellen, wenn wir erfolgreich sein wollen. Doch das ist männliches Entweder-oder-Denken. Das Denken im Bild eines Kampfes gegen andere hat seinen Preis. Wo gekämpft wird, wo Führung durch Macht und Einschüchterung stattfindet, wo Erfolg durch die bessere Taktik angestrebt wird, gibt es einen Sieger und einen Verlierer. Frieden und gemeinsame Freude gibt es nicht. Der Unterlegene fühlt sich gedemütigt oder betrogen und hat die Wahl zwischen einem Gegenschlag oder resignierter Unterwerfung. Als vermeintliches Opfer wird der Verlierer immer aktiven oder passiven Widerstand leisten, niemals jedoch mit ganzer Kraft kooperieren. Deswegen sind Gesamtergebnisse, die aus Unterdrückung entstehen, immer von schlechterer Qualität und besitzen ein instabiles Kräftegleichgewicht.

Für intelligente Frauen kann das Berufsleben ein großartiges Spiel sein. Ein Spiel, das uns Freude macht, weil wir uns entwickeln und kreativ ausdrücken können – warum nicht sogar zum Wohle des Ganzen, im Team mit lieben Menschen, die mit uns an einem Strang ziehen, und mit Kunden, die wir mögen? Es gibt unter Gleichgesinnten immer die Möglichkeit, zum gegenseitigen Vorteil zu kooperieren. Wer das nicht denken kann, kann es auch nicht umsetzen.

Eine Frau kann mit einer männlichen Erfolgsstrategie niemals wirklich erfolgreich sein – bestenfalls eine gute Kopie abgeben –, denn es ist wider ihre Natur. Die weibliche Art, erfolgreich zu sein, funktioniert anders. Der Erfolg, der uns wirklich glücklich macht, kommt aus unserem Herzen. Wir möchten das Lebensspiel mit Fairness und Teamgeist spielen, mit Loyalität und Freude, mit Authentizität, Intuition und dem radikalem Mut, zu uns selbst zu stehen – freundlich, voller Energie und dabei klar und selbstbewusst. Wir legen den Fokus auf Gewinn und Erfolg für beide, ja möglichst alle Gesprächspartner: Wir setzen auf Win-win-Ergebnisse.

Frauen genießen ihren Erfolg erst dann so richtig, wenn alle Beteiligten etwas davon haben.

In uns ist der Mut des Herzens, das Vertrauen und die Fähigkeit der Hingabe angelegt – und wir möchten uns unserer eigenen inneren Stimme hingeben, die uns fühlen lässt, was und wer uns guttut – und danach unsere Entscheidungen treffen. Wir stecken unsere Energie in unsere Vision des beruflichen Miteinanders und in unsere Idee vom Leben. Wir kämpfen mit unserer inneren friedvollen Kriegerin für etwas, nicht *gegen* etwas. Gegen etwas zu kämpfen ist immer rückwärtsgerichtet und destruktiv. Rache, Wut, Kränkung, verletzter Stolz sind kein guter Motor für Handlungen, denn damit richtet man seine Energie auf das Negative und die Vergangenheit. Daraus kann nie Schönheit entstehen. Sich für etwas einzusetzen ist konstruktiv und ein Beitrag für eine bessere Welt. Wir verbinden Liebe und Mut für eine Welt des Miteinanders – auch wenn es noch eine Weile dauert, bis wir diese neue Atmosphäre auf dem Erdball verbreitet haben.

Weichenstellung im Vorfeld: die Selbstakzeptanz

All unsere charakterlichen Qualitäten, unsere individuellen Talente, erworbenen Fähigkeiten, beruflichen Erfahrungen und Qualifikationen bekommen erst durch die Selbstliebe ihre wahre Kraft. Warum? Weil wir uns durch bewusste oder unbewusste Selbstzweifel mehr oder weniger ständig boykottieren und ausbremsen. Wir verfälschen unseren natürlichen Selbstausdruck, indem wir uns ganz besonders anstrengen, gut zu sein – weil wir im Grunde unseres Herzens befürchten, nie gut genug zu sein.

Durch Selbstzweifel sind wir zu Hause und im Büro immer unter einer gewissen Anspannung, leicht gereizt, fühlen uns schnell angegriffen. Unsere natürliche Genialität, Lebensfreude und Kreativität werden blockiert. Durch Selbstzweifel nehmen wir manches Dahergesagte schnell persönlich. Durch Selbstzweifel passieren uns Fehler, die uns sonst nicht passiert wären. Durch Selbstzweifel hören wir das Negative und überhören das Positive. Durch Selbstzweifel sind uns unsere Schwächen viel bewusster als unsere Stärken. Wegen unserer Selbstzweifel glauben wir, dass andere besser sind als wir und schämen uns dafür. Und durch unsere Selbstzweifel lassen wir viele unserer Erfolge nicht richtig gelten.

Das wissen wir im Grunde alles selbst, aber wie aus diesem Hamsterrad aussteigen? Wir glauben meist, *erst* müssten wir uns ändern, bessern, erfolgreich an unseren Schwächen arbeiten, und *dann* könnten wir uns vielleicht mögen. Aber genau hier liegt das Missverständnis. Der Perfektionswahn unserer heutigen Zeit ist enorm. Überall lesen wir, wie die perfekte Mutter, Partnerin, berufstätige Frau zu sein hat – und schrumpfen dabei innerlich immer mehr. Niemand kann all dem gerecht werden. Und das müssen wir auch nicht, denn Perfektion ist ein mentales, künstliches Konstrukt – reine Theorie – und hinderlich für lebendigen Erfolg. Das Leben ist ein unaufhörlicher Entwicklungsprozess zwischen einem aktuellen Ungleichgewicht und neu gefundenem Gleichgewicht – jeden Moment aufs Neue. Perfektion im Sinne von Sättigung aller aktuellen Bedürfnisse existiert immer nur einen Moment lang – niemals jedoch dauerhaft, weil alles ständig im Fluss ist. Dauerhafte Perfektion würde Stillstand bedeuten, das Erliegen von jeglichem Wachstum und Leben.

Wir sind außerdem recht voreilig mit unseren Interpretationen, ob etwas gut oder schlecht ist, Glück oder Pech, Erfolg oder Versagen. Sich gegen eine Situation zu stellen ändert dieses Jetzt, das so schnell schon wieder Vergangenheit ist, nicht mehr – es kostet nur wertvolle Königinnen-Energie. Beeinflussen können wir ja nur die Zukunft aus einem kraftvollen Jetzt heraus, nicht jedoch etwas, das schon vergangen ist. Wie oft stellt sich im Nachhinein heraus, dass die schlimmste Situation Entscheidungen heraufbeschworen hat, die langfristig ein Segen wurden.

Dass uns schwierige Zeiten und Menschen geholfen haben, zu wachsen und bestimmte Stärken zu entwickeln, die wir später brauchten. Oder ein tragisches Erlebnis uns geöffnet hat für neue Dimensionen des Denkens. Warum also nicht bei so

Wer sich heute für seine Schwäche von gestern verurteilt, schafft damit die Basis für eine Schwäche von morgen.

genannten Fehlern oder Pech auch mal Vertrauen haben, dass es vielleicht für irgendetwas gut ist, und genau danach Ausschau halten?

Geheimnis Nr. 3
Eine Königin sagt stets Ja zum Leben – egal, wie es gerade kommt.

Haben Sie vorhin Ihre Liste Ihrer Plus- und Minuspunkte gemacht? Dann zählen Sie doch einfach mal, wie viel auf der einen und wie viel auf der anderen Seite steht. Jetzt.

Wenn wir wirklich erfolgreich sein und so auch wahrgenommen werden wollen, dann sollten wir als Erstes dafür sorgen, dass wir in unserer Selbstwahrnehmung den Blick für unsere positiven Seiten schärfen. Denn wenn wir uns selbst nicht gut finden – warum sollten es die anderen tun?

Wie wäre es, wenn wir ab jetzt üben würden, mit uns selbst statt Lieblingsfeindin beste Freundin zu sein? Uns warmherzig selbst zuhören, wenn wir uns in Gedanken „erzählen", was uns beschäftigt oder Angst macht? Uns ermutigen, aufbauen und trösten, wenn uns was schiefgegangen ist? Uns an unsere Stärken erinnern, wenn wir uns klein und hilflos fühlen – uns selbst helfen, daraus zu lernen? Uns Zeit nehmen, herauszufinden, was und wer uns guttut, auf was wir uns freuen, worauf wir wirklich Lust haben oder was wir brauchen zum Glück – und dann die volle Verantwortung übernehmen, dass diese Dinge in unserem Leben Raum bekommen – jeden Tag, jede Woche, jeden Monat?

Was, wenn wir ab jetzt üben würden, uns diese strenge innere Stimme abzugewöhnen, die nur wir selbst hören können und die keine Gelegenheit auslässt, uns scharf zu kritisieren? Was, wenn es uns gelänge, sie in etwas Konstruktives umzuwandeln, etwas, das uns hilft, Rat gibt, statt uns selbst niedermacht? Meinen Sie, das könnte im Laufe der Zeit klappen, wenn wir uns tagtäglich daran erinnern? Wenn wir uns ab sofort jedes Mal triumphierend darüber freuen könnten, wenn uns diese ehemals unbewusste Selbstsabotage neuerdings auffällt – und wir es feiern würden, wenn wir das erste Mal eine freundliche innere Stimme hinterherschicken? Statt Sabotage einen gut gemeinten inneren Beitrag leisten? Und das ganz langsam immer öfter? Wenn wir ab sofort beginnen, auch die vielen kleinen positiven Seiten an uns wertzuschätzen, und auch kleinen Erfolgen und neuen Schritten wohlwollende Beachtung schenken, einen ersten Versuch gelten lassen – auch wenn er noch nicht perfekt war, uns loben und auch mal für etwas belohnen? Was meinen Sie, wie würde das Ihre innere Stimmung, Ihr Selbstwertgefühl, Ihren Mut, Ihre Ausstrahlung verändern? Könnte es das wert sein?

Genau hier ist er, der größte Hebel für unseren Erfolg! Hier drinnen, bei uns, im Kopf und vor allem in unserem Herzen – nicht in der sinnlosen Anstrengung, perfekt zu sein und irgendwelchen Vorstellungen zu genügen. Wir können es so gut machen, wie wir es eben gerade in diesem Moment können. Und wir können nicht wirklich beeinflussen, was andere über uns denken oder sagen, wie sie handeln, sich uns gegenüber benehmen – aber wir haben die Macht darüber, was wir selbst über uns denken und reden, wie wir mit uns selbst umgehen, ob wir uns selbst stärken oder schwächen wollen. Ob wir Ja oder Nein zu uns selbst sagen wollen – mit allem Drum und Dran.

Geheimnis Nr. 4
Eine erfolgreiche Frau geht als innere beste Freundin mit sich durch dick und dünn.

Wenn wir uns selbst die beste Freundin sind, dann hat auch Alleinsein einen anderen Geschmack. Es ist nicht mehr die kalte Einsamkeit, bei der wir uns von der Liebe und anderen Menschen wie abgeschnitten fühlen. Es ist mehr ein Ruhen im sicheren Raum unseres eigenen Herzens, ein Zuhausesein bei sich selbst. Von hier aus können wir immer wieder unsere Verbindung mit allem, was uns umgibt, aufnehmen, unsere Verbundenheit mit anderen fühlen. Das ist der Duft von Meditation.

Ausrichtung auf unsere Lebensvision

Meist ist das, was uns Freude macht, auch das, was wir gut können – vorausgesetzt, wir üben es regelmäßig. Wenn nicht, kann es auch sein, dass die angeborene Fähigkeit inzwischen etwas verstaubt ist und erst wieder ausgegraben und poliert werden muss, bevor sie wieder glänzt. Und meist hat das, was uns Spaß macht, auch etwas mit unserer Lebensaufgabe zu tun. Was hat Ihnen früher große Freude bereitet, wie träumten Sie Ihr Leben? Was geht Ihnen schon immer leicht von der Hand?

Was, wenn wir unsere Talente dafür hätten, um sie tatsächlich zum Mittelpunkt unserer Arbeit bzw. unseres Lebens zu machen, und auf diese Weise nicht nur auf leichte, angenehme Art super Ergebnisse erzielen könnten, sondern auch noch Freude und Begeisterung dabei empfinden könnten? Was glauben Sie, wie würde das Ihr Leben, das Leben anderer und die Welt verändern?

In diesem Buch geht es um Erfolg. Erfolg setzt sich aus Intuition, Intelligenz und geeigneten „talentierten" Handlungen zusammen, um die eigenen Herzenswünsche wahr werden zu lassen. Was jedoch Erfolg im Leben für Sie heißt, das können nur Sie selbst wissen. Es hat unmittelbar mit der Vision Ihres Lebens zu tun und damit, wie Sie sich – auf Ihre ganz individuelle Weise – einbringen möchten.

Stellen Sie sich einmal vor, zwei Personen treffen bei einem geschäftlichen Termin aufeinander. Eine von ihnen weiß genau, was sie will. Die andere lässt die Sache einfach auf sich zukommen. Was glauben Sie: Wem hilft voraussichtlich sein Unterbewusstsein mehr, wer hört geeignete Stichpunkte zur Überleitung? Bestimmt derjenige, der vorher sein Bewusstsein auf seine „innere Richtung" eingestimmt hat. Wer nur nach dem Motto „Schaun wir mal, dann sehn wir schon" durch sein Leben und in Kontakt mit anderen geht, überlässt zwangsläufig den anderen die Entscheidung, wohin die Reise geht.

In vielen meiner Seminare oder Coachings ist daher ein wesentlicher Bestandteil die große Frage: Wie möchten Sie in diesem Leben leben, wo wollen Sie hin, wie soll Ihr Leben aussehen, damit Sie glücklich sind? Dem wird über das Gefühl und innere Bilder nachgespürt. Erst später geht es um die kleineren Zwischenschritte und die alltäglichen Meilensteinchen und Herausforderungen der nahen Zukunft. Die Antworten darauf sind umgeben von zunächst vagen, später deutlichen positiven Gefühlen – und natürlich von jeder Menge Zweifel. Je genauer wir uns bewusst machen, was wir wirklich wollen, umso deutlicher ist die Freude in uns spürbar. Wir wissen: Ja, das ist es! Diese Freude wird im Laufe der Konkretisierung immer mehr zum Motor und Magnet für unser gesamtes Leben. Vom großen Bild bis hin zum nächsten kleinen Schritt. Jeder Schritt in die richtige Richtung trägt diese Energie mit sich und verleiht uns eine authentische, kraftvolle Ausstrahlung, die Leidenschaft für unseren Weg, sogar Charisma.

Intuition – unsere innere Führung nutzen

Es ist ein einzelner innerer Impuls, eine feine Stimme, die wir immer mal wieder wie hinter einem Schleier wahrnehmen, fast unhörbar, und die wir manchmal jahrelang übergehen. Ein aufblitzendes inneres Bild oder zartes

Gefühl, das von innen her versucht, mit uns Kontakt aufzunehmen, unsere Aufmerksamkeit auf sich zu ziehen, um uns zu führen: unsere Intuition. Sie rät uns manchmal zu Dingen, die nicht vernünftig wirken, mit denen wir vielleicht allein dastehen, die uns unbeliebt machen könnten und die alle möglichen Risiken „im richtigen Leben" mit sich bringen. Unsere Selbstzweifel arbeiten dagegen.

Wir Frauen haben aufgrund unserer ausgeprägteren Empfänglichkeit den Vorteil, einen besseren Zugang zu unserer Intuition zu besitzen – oder diesen leichter herstellen zu können. Unsere Gefühle und die Intuition kommen durch die gleiche Tür. Die innere Führung unserer Intuition anzunehmen ist eher ein Geschehenlassen als ein Herbeiführen. Sie ist sowieso da, wir müssen nur üben, sie nicht mehr routinemäßig zu übergehen.

Geheimnis Nr. 5
Die Königin verfeinert den Draht zu ihrer Intuition.

Indem wir uns regelmäßig entspannen, sind wir nachweislich empfänglicher für Informationen aus höheren Ebenen unserer eigenen Intelligenz und unserer allseits gepriesenen weiblichen Intuition. Es ist einfach leichter, an einem stillen Ort, in einem Zustand innerer Stille diese feine Stimme zu hören als mitten im lauten Getümmel des ganz normalen Wahnsinns. Das leuchtet natürlich ein. Und der heiße Draht zu unserer inneren Stimme hilft enorm, um herauszufinden, was wir wirklich wollen, wie wir dafür die richtigen Prioritäten setzen in der Flut von Anforderungen und wie wir immer wieder die richtigen Weichen stellen.

Zum anderen können wir nicht nur besser „empfangen", sondern offenbar auch wesentlich kraftvoller „senden", wenn wir wach und dabei tief entspannt sind (nach Lynne McTaggart: „Das Nullpunkt-Feld", siehe Literaturliste im Anhang). Unsere Vision, unsere positiven Absichten, Erwartungen und Herzenswünsche sind der Antrieb unserer Schöpferkraft. Wohl dem also, der schon ein erfolgreiches Stimmungsmanagement und Übung in Entspannung hat! Wir anderen können es uns mit ein bisschen Disziplin systematisch erarbeiten, indem wir uns immer wieder auf das Positive ausrichten und mit dem Negativen lernen entspannt umzugehen.

Am effektivsten erschaffen wir unsere Realität aus dem so genannten Alphazustand heraus. Damit ist eine bestimmte Frequenz unserer Gehirnwellen gemeint, die wir erreichen, wenn wir entspannt und zugleich wach sind. Es ist sozusagen unser eingebauter Wellnessfaktor. Unsere Aufmerksamkeit ist dabei auf unseren Körper und unsere Gefühle gerichtet – nicht auf unsere Gedanken oder das Außen. So kommen wir mit unserer Intuition, einer echten Yin-Qualität in uns, am besten in Kontakt. Sobald wir in diesem Zustand sind, können wir uns eine Frage stellen und warten. Genauso können wir uns aus diesem Zustand heraus über die Kraft unserer positiven Gefühle eine gewünschte Realität „herbeifühlen" (Lynn Grabhorn: „Aufwachen – Dein Leben wartet", siehe Literaturliste im Anhang).

Nun ist es für die meisten von uns vorerst unrealistisch, zu glauben, wir könnten während unseres Alltags komplett entspannt und „bei uns" bleiben – selbst wenn dies eine gute Wunschrichtung ist. Meist befinden wir uns im Betazustand, das heißt, wir sind mit unserer Aufmerksamkeit auf das Außen gerichtet und konzentriert, angespannt oder gestresst. Machbar ist jedoch, zumindest einmal am Tag für ein paar Minuten zur Ruhe zu kommen. Meditation bzw. Entspannung lautet daher das Zauberwort der neuen Zeit.

Sie könnten Yoga machen, Tai-Chi anfangen, sich eine Entspannungs-CD einlegen oder eine Meditation genießen (viele wunderschöne Anregungen finden Sie etwa in Oshos „Orangenem Buch", siehe Literaturliste im Anhang). Von dieser inneren Ruheinsel aus bekommt das Leben nach und

Entspannung macht uns zur Königin in unserem inneren Reich.

nach eine neue Qualität. Und wir fühlen uns dann schon nach nur kurzer Zeit nicht mehr wie der Hamster im Rad, sondern wirklich wie die Königin in unserem inneren Reich. Nicht immer, aber immer wieder.

Geheimnis Nr. 6
Die erfolgreiche Frau gleicht Extreme in ihrem Leben systematisch aus, weil sie weiß, dass ihre größte Macht aus ihrer entspannten Mitte kommt.

Es fängt dann bei kleinen Dingen an und entwickelt sich ganz langsam immer stärker, wenn wir es nur wollen – die Fähigkeit, auch im Alltag die innere Stimme zu hören, und der Mut, sich darauf einzulassen und danach zu handeln. Kein charismatischer Mensch wurde als solcher geboren. Erfolgreiche Frauen nutzen einfach mehr und mehr Gelegenheiten, um entspannt und wahrhaftig zu sein.

Authentisch sein und intuitiv handeln hat viel miteinander gemeinsam. Wenn wir den Mut haben, wir selbst zu sein, dann blockieren wir auch unsere Intuition nicht. Denn die zwanghafte Kontrolle unserer selbst entsteht aus dem Misstrauen uns selbst gegenüber. Charismatische Menschen strahlen Selbstbewusstsein, Zuversicht, Klarheit und Offenheit aus. Sie haben anderen gegenüber eine authentische Herzenswärme, weil sie sich und anderen verzeihen können, dass sie einfach menschlich (und nicht perfekt) sind. Warum machen wir es nicht genauso?

Wenn Ihr Leben ein Spielfilm wäre, was für ein Film ist es bisher – ein langweiliger Schinken, eine Komödie, ein Actionthriller, ein Drama oder eine Erfolgsstory? Welche Rolle spielen Sie darin? Schauen Sie sich Ihren bisherigen Lebensfilm doch mal an. Und dann entscheiden Sie neu. Welche Rolle möchten Sie ab jetzt spielen und welchen Inhalt, welche Stimmung soll er rüberbringen?

Die Kraft unseres Geistes

Sich zu ärgern, negativ zu denken und zu reden ist ungesund. Egal, um wen es dabei geht. Ob wir uns nun über uns selbst, die Umstände oder irgendjemanden echauffieren oder negativ äußern, es schadet in erster Linie immer uns selbst. Schlechte Gedanken lösen automatisch negative Gefühle aus und die haben ja dann schließlich wir und niemand sonst. Eigentlich blöd. Nebenbei bemerkt hinterlässt dauerhafte Negativität auch ihre Spuren in unserem Gesicht und im gesamten Organismus: Die Falten vom ständigen Stirnrunzeln, die hängenden Mundwinkel vom ständigen Sichbeklagen, die bitter klingende Stimme, die gebeugte Körperhaltung – alles nichts, was sexy ist oder sich gut anfühlt. Das allein wäre schon Grund genug, es sich schnellstmöglich wieder abzugewöhnen, denn schließlich soll unser Aussehen unsere innere Würde und natürliche Schönheit ausstrahlen. Noch entscheidender ist jedoch, dass Gefühle unser kraftvollster Magnet für so genannte Zufälle sind. Nach dem Resonanzgesetz ziehen wir die Ereignisse in unser Leben, die zu der Schwingung unserer Gefühle am besten passen: Fühlen wir uns oft schwer und resigniert oder sorgenvoll, dann ziehen wir problematische Situationen an wie die Kuhfladen die Fliegen. Fühlen wir uns dagegen oft freudig, dankbar und selbstbestimmt, dann ziehen wir Glück und Erfolg an.

Wir können uns jeden Moment entscheiden. Wir können vielleicht nicht immer beeinflussen, was uns geschieht, doch wie wir damit umgehen. Was wir darüber denken, wie wir es interpretieren – und welche Emotionen wir in uns „füttern". Die Art und Weise, wie wir Situationen und Verhaltensweisen anderer interpretieren, sind ganz entscheidend für unsere emotionale Reaktion.

Wir fühlen uns oft als Opfer der Umwelt, doch in Wahrheit machen wir uns zum Opfer unserer eigenen Interpretationen, die meist nur sehr wenig mit der Realität des vermeintlichen Aggressors zu tun haben, dafür jede Menge

Glauben Sie nicht alles, was Sie denken.

mit uns selbst. Selbstverantwortung heißt hier, souverän und bewusst mit solchen Situationen umzugehen, statt der spontanen emotionalen Interpretation zu vertrauen. In solchen Situationen gibt es im Grunde nur zwei sinnvolle Aktionen: Entweder wir fragen geradeheraus, was wirklich Sache ist, oder wir denken, was wir wollen (und wohlgemerkt was uns guttut) – das ist schließlich unser gutes Recht.

Wenn wir fragen wollen, könnte sich das zum Beispiel so anhören: *„Ich habe seit einiger Zeit bemerkt, dass Sie kaum noch mit mir sprechen. Kann es sein, dass Sie sich über mich geärgert haben, oder woran liegt es?"* Oder: *„Was meinen Sie mit …?"* *„Wie meinen Sie das?"* *„Was verstehen Sie unter …?"* *„Wie definieren Sie …?"* *„Diese Aussage trifft mich, wie kommt es, dass Sie so heftige Worte wählen?"* *„Was möchten Sie mit diesem Verhalten erreichen?"* *„Ich habe gerade den Eindruck, dass Sie sich geärgert haben, kann ich Sie irgendwie unterstützen?"*

Wir können zum Beispiel mit Humor reagieren, die Macht des Schweigens einsetzen oder das Gesagte mit Kurzkommentaren wie „Ah ja", „Ach was!", „So, so" oder „Ach ja?" praktisch ignorieren. Worte von anderen können entweder hilfreiches Feedback, Wissenswertes oder (für uns) Unwichtiges beinhalten. Es ist immer ein Angebot, das wir annehmen oder ignorieren können. Wir haben die absolute Wahlfreiheit, wie wir das Leben interpretieren und damit umgehen wollen. Wir können darüber denken, was wir wollen – warum also nicht das denken, das uns stärkt und uns mit anderen Menschen versöhnlich stimmt? Wir erzeugen schließlich damit unsere Stimmung, die innere Großwetterlage. Es ist reine Übung.

> **Geheimnis Nr. 7**
> Die erfolgreiche Frau lenkt bewusst ihre Gedanken.

Ein Beispiel: Eine Kollegin schaut uns heute nicht an.

1. Interpretationsmöglichkeit A: Ihr passt irgendwas an mir nicht, sie hat sich über mich geärgert. Emotionale Reaktion: diffuses Unwohlsein.
2. Interpretationsmöglichkeit B: Vielleicht hat sie Sorgen? Emotionale Reaktion: Mitgefühl.

Oder der von Ihnen angerufene Gesprächspartner legt mit unfreundlichen Worten einfach auf.

1. Interpretationsmöglichkeit A: Er hält mich für einen Idioten, mit dem er nichts zu tun haben will. Emotionale Reaktion: Unwohlsein, Wut und ein beklemmendes Gefühl vor dem nächsten Telefonat.
2. Interpretationsmöglichkeit B: Er hat vielleicht gerade die Schwiegermutter zu Besuch? Er ist auf jeden Fall gerade extrem schlecht drauf, welcher Druck auch immer der Grund dafür ist. Emotionale Reaktion: mitfühlendes Lächeln.

Meiden Sie die ewigen Miesmacher, Schwarzseher, Jammerer und heimlichen Neider. Auch die finden irgendwann ihren Weg und sind dann besser drauf. Finden Sie heraus, welche Personen Ihnen guttun. Es sind meist positive, überwiegend zufriedene Menschen, die niemandem ungefragt einen Ratschlag verpassen. Menschen, die Sie aufgrund ihrer Ausstrahlung und Lebenseinstellung ermuntern, kompromisslos Ihren Weg zu gehen.

Machen Sie sich eine kleine, aber feine Liste der Personen, die an Sie glauben, die Sie fördern, ermutigen und denen Sie von Ihrer Vision erzählen können – ohne lächerlich gemacht zu werden.

Gehen Sie es dann entschlossen und immer flexibel an. Es reicht, wenn der nächste Schritt konkret ist – der Rest entsteht beim Gehen. Führen Sie ab sofort ein Erfolgstagebuch, in das Sie jeden noch so kleinen Sieg eintragen. Feiern Sie jeden erreichten Meilenstein, loben Sie sich, gönnen Sie sich was, genießen Sie Ihr Leben. „Bespaßen" Sie sich täglich – was freut Sie? Kleinigkeiten

Notieren Sie jeden kleinen Erfolg in Ihrem Erfolgstagebuch, feiern Sie jeden erreichten Meilenstein.

sind immer drin – Sie haben es sich verdient! Lernen Sie, Prioritäten zu setzen und zu delegieren, auch in der Familie. Wir können nicht alles alleine tun – und wenn wir es versuchen, bleibt unser Traum vom Leben ein Traum.

Wachstumschancen erkennen und nutzen

Es ist natürlich immer sinnvoll, darüber nachzudenken, was wir aus unerfreulichen Situationen lernen können, anstatt uns zu grämen. Wie könnte die konstruktive Botschaft der vermeintlich negativen Situation an uns lauten? Auf was möchte uns diese Situation möglicherweise hinweisen? Etwas Positives natürlich, denn erfolgreiche Frauen wollen wachsen. Sie denken sich nichts Negatives aus, weil sie wissen, dass es sie schrumpfen lässt.

Die Königin kennt ihre Stärken und Verletzungen, ihre Geschichte, ihre Ängste, ihre Erfolge und vergeblichen Bemühungen, ohne sich für irgendetwas davon zu schämen. Es gehört alles zu ihr, ist Ausdruck und Ursache ihrer Macht und Würde. Als Frauen haben wir das Mütterlichkeitsprinzip in uns: Wir können eigene Stärken fördern, unsere so genannten Schwachstellen beschützen und beides lieben. Selbstbewusste Frauen bemühen sich daher darum, die Sprache des Lebens zu verstehen. Sie setzen ihre Intelligenz und die Weisheit ihres Herzens ein, um die Zeichen richtig zu deuten – um sich ständig weiterzuentwickeln.
Es geht im Grunde genommen ganz einfach.

Schritt 1: Den Gefühlen inneren Raum geben

Dass Gefühle zu haben eine Schwäche sei, ist eins der größten Missverständnisse unserer zivilisierten Welt. Im Gegenteil: Wenn wir wissen, wie wir mit ihnen umgehen, sind sie der größte Magnet für unseren Erfolg und unsere Selbstachtung. Im ersten Schritt erlauben wir uns daher, unsere Gefühle zu spüren – denn das gebietet die Selbstachtung, und es schafft Platz in unserem Inneren. Wir lassen den inneren Druck frei (natürlich ziehen wir uns dazu normalerweise zurück). Das kann Schmerz sein, ein Schamgefühl, Traurigkeit, Wut oder Angst oder eine unerfreuliche Mischung aus all dem. Fühlen heißt nicht, auch danach zu handeln. Nur fühlen. Und zwar uns selbst.

Geheimnis Nr. 8
Die erfolgreiche Frau hat den Mut, ihre Gefühle zu fühlen, denn sie weiß, dass sie Teil ihrer weiblichen Urkraft sind.

Ein Gefühl ist wie ein Gast. Manche bleiben etwas länger, manche nur ganz kurz. Machen wir ihm die Tür auf und versuchen, diesen Gast kennenzulernen. Was hat er zu erzählen? Manche haben einen schlechten Ruf – viel schlechter, als sie es verdienen. Geben wir ihnen eine faire Chance. Wie ist dieses Gefühl, wenn wir einmal vergessen, dass wir es nicht mögen? Wo genau befindet es sich? Welche Botschaft bringt es mit?

Schritt 2: Den Schatz der Erkenntnis bergen

Im zweiten Schritt legen wir den Schatz der Erkenntnis frei. Das ist immer etwas Befreiendes, Positives. Es gibt keine Situation, die nicht auch eine Lektion ist – keine einzige. Alle Situationen enthalten eine verborgene Lehre, aber man muss sie entdecken. Sie ist nicht immer auf den ersten Blick sichtbar, doch lohnt es sich immer, sie aufzuspüren. Je größer unsere emotionale Ladung, umso größer der Schatz, den wir heben können. Jemand behandelt uns mit geringem Respekt? – In welchem Bereich behandeln wir uns selbst respektlos? Jemand benimmt sich rücksichtslos? – Wo sind wir mit uns, mit einem Teil von uns selbst rücksichtslos? Jemand traut uns nichts zu? – In welcher Nische unserer Psyche trauen wir uns selbst wenig zu? Jemand war nicht loyal? – In welchen Situationen oder Lebensbereichen verraten wir uns selbst? Setzen Sie sich in Ruhe hin, entspannen Sie sich und fragen sich: „Was hat dieses Gefühl, diese Situation mit mir zu tun?"

Geheimnis Nr. 9
Die Königin weiß, dass es keine unnützen Erfahrungen gibt, sondern nur Erfahrungen, die ungenutzt bleiben.

Hier sind unsere Hebel. Hier können wir mit Selbstbewusstsein, Selbstliebe und Mut immer wieder aufs Neue die Chancen nutzen, die uns so manch ungehobelter Klotz meist sogar versehentlich und unbewusst vor die Füße schmeißt. Es geht bei innerer Entwicklung weder ums Rechthaben noch um Schuld. Wenn wir eine Gelegenheit aufgreifen, um daran zu lernen, hat das nichts mit Kleinbeigeben zu tun – es ist angewandte Intelligenz. So befreien wir unsere innere Königin aus ihrem Verlies.

Schritt 3: Die Handlung

Entscheidungen sollten wir möglichst ausschließlich nach einem solchen inneren Klärungsprozess treffen und nicht vorher – vor allem, wenn sie Dinge betreffen, die wirkliche Konsequenzen für uns und andere haben. Denn nur dann ist unser Tun eine Handlung, eine Aktion – und keine Reaktion. Im angespannten, gestressten Zustand, wenn wir uns unter Druck befinden, Angst haben oder wütend sind, ist unser Verstand immer im Betazustand. In diesem Modus greift er blitzschnell auf feindselige, beschämende Interpretationen und Verteidigungsmuster zurück. Unsere Reaktion ist dann mit einem Reflex zu vergleichen, der unmittelbar und vollautomatisch abläuft. Es ist eine Art Instinktreaktion, was im Angesicht einer akuten, drohenden Gefahr für Leib und Leben auch das einzig Richtige sein kann. Dafür wurde dieser Mechanismus von der Natur entwickelt. Wenn es ums nackte Überleben geht, dann ist keine Zeit für den besonnenen Rückzug nach innen. Hier lassen wir unserem Instinkt lange Zügel.

Doch bei allen anderen Situationen kann die spontane Instinktreaktion großen Schaden anrichten, weil sie nicht nur körperlich, sondern auch psychologisch immer ums Überleben kämpft – und das meist ohne Rücksicht auf Verluste. Zwischen dem Stimulus und der Antwort des Instinkts ist keine Lücke und kein Bewusstsein – keine Entscheidung der Königin. Der Instinkt kommt aus dem Stammhirn, dem kleinsten und gleichzeitig ältesten Teil unseres Gehirns, und ist ein überlebensnotwendiger Reiz-Reaktions-Automatismus aus unserer Neandertaler-Vergangenheit. Oder anders ausgedrückt: Bei einem Alarm im Stammhirn rennt „der innere Hofstaat" vollautomatisch hinaus und schlägt alles kurz und klein – und kämpft dabei oft gegen die bzw. den Falschen, mit falschen Mitteln oder zum falschen Zeitpunkt.

Geheimnis Nr. 10
Die Königin ist niemandes Opfer, sondern frei. Sie beobachtet den Aufruhr ihres inneren Hofstaats mit Liebe. Sie sucht die Erkenntnis und trifft dann ihre weise Entscheidung.

Eine bewusste Handlung entsteht in einer anderen Region unseres Gehirns und einem anderen inneren Zustand – und wird noch erhöht durch den Rat unseres Herzens. Hier entspringt die weise Entscheidung einer Königin. Nehmen wir uns also die Zeit für Entscheidungen, die unserer selbst würdig sind, statt blindwütige Reaktionen zuzulassen, die uns nur schaden. Fragen Sie sich: „Was möchte ich wirklich?" Dies ist dann der Weg, für den Sie sich entscheiden. Antworten Sie nicht aus Ihrem Verstand heraus – er ist wie ein Computer und nicht geeignet für Inspiration und Intuition. Er ist lediglich das Werkzeug, mit dem wir die Entscheidung letztlich umsetzen. Fragen Sie Ihre Intuition und Ihr Herz. Und wenn Sie wissen, was Sie wollen, dann fühlen sie es, als wäre es schon Realität. So aktivieren wir den Magnetismus der Realisierung unserer Wünsche.

Sich schon vorher auf den Gesprächspartner einstellen

Was möchten Sie bei diesem Kontakt, dem nächsten Telefonat, dem anstehenden Treffen, Vortrag, Meeting erreichen? Um was geht es Ihnen eigentlich dabei? Und was wissen Sie über die Ziele und Erwartungen des/der anderen? Erfolgreiche Frauen wissen, was sie wollen, und konzentrieren sich auf das, was miteinander möglich sein kann, nicht auf das, was nervt oder ihnen Angst macht. Sie gehen dabei zielorientiert und kooperativ vor, biedern sich jedoch niemals an – weder in Gedanken noch in ihrer Handlung.

Wir bereiten uns selbst und den Kontakt im Vorfeld geistig optimal vor, bauen einen unsichtbaren positiven Magnetismus auf. Das geht, indem Sie zunächst Ihre Aufmerksamkeit wie bei den Gefühlen wieder auf sich selbst richten, etwa auf den Bauch – den Sitz der Intuition –, und sich entspannen. Beobachten Sie zum Beispiel eine Weile Ihren Atem. Dann stellen Sie sich die Situation, um die es geht, so vor, wie Sie sie sich wünschen: Sie selbst in optimaler Aktion, der/die Beteiligte kooperativ, das Ergebnis rundherum erfreulich. Und fragen Sie sich wieder aus der Entspannung heraus, was Sie dazu beitragen können, dass es sich so entwickelt. Fragen Sie nicht Ihren Verstand, der kennt nur die Vergangenheit. Lassen Sie die Frage in sich hineinfallen und warten dann ganz entspannt auf eine Resonanz, es kann eine Weile dauern. Bleiben Sie offen und warten Sie. Es kann ein Bild kommen oder eine aufblitzende Idee – lassen Sie sich überraschen. Unsere Intuition spricht mit uns auf ihre ganz eigene Weise und dann, wenn wir dafür empfänglich sind. Vielleicht auch erst in ein paar Tagen in einem unerwarteten Moment. Haben Sie Vertrauen und seien Sie bereit für die Antwort. Und dann fühlen Sie das erwünschte Ergebnis so intensiv Sie können. Tauchen Sie richtig ein.

Wir leben in einer Zeit, in der uns neue Methoden zur Verfügung stehen. Methoden, mit denen wir über die Kraft unserer Vorstellung nicht nur uns selbst und unsere Ausstrahlung auf andere innerhalb kürzester Zeit stärken, sondern mit denen wir auch den Kontakt mit anderen optimieren können. Wen dieses Thema interessiert, dem empfehle ich, sich mit den knallharten Forschungsergebnissen aus diesen Bereichen auseinanderzusetzen. Die Lektüre der wissenschaftlichen Ergebnisse aus Tausenden von Versuchsreihen aus allen Kontinenten und Experimenten der unterschiedlichsten Art, wunderbar und verständlich zusammengefasst etwa von Lynne McTaggart (siehe Literaturliste im Anhang), verändert radikal unser bisheriges Weltbild, auch in Bezug auf die Wirkungsweisen im menschlichen Miteinander. Und sie schenken den flexiblen Geistern unter uns ganz neue Möglichkeiten. Ebenso empfehlenswert sind die „Bleep"-DVDs.

Nach einer amerikanischen Umfrage (Leaders in a Global Economy, New York 2003) zählen zu den Schlüsselqualifikationen erfolgreicher Führungsstrategien neben der Anpassungsfähigkeit auch der Mut, Herausforderungen und Risiken anzunehmen, und die Fähigkeit, andere zu motivieren. Egal, ob unser Gegenüber eine Kollegin, eine Mitarbeiterin oder ein Mitarbeiter, unsere Chefin oder unser Chef ist oder eine ganze Horde interessierter Zuhörer – wir sollten sie motivieren und begeistern können.

Dazu müssen wir sie kennenlernen und ihnen helfen, ihr Anliegen zu realisieren. Das geht am besten über eine

Ab jetzt geht es um die andere Seite des Tisches.

gemeinsame Vertrauensbasis und gegenseitiges Wohlwollen – bereits in unseren Gedanken. Bevor wir nun in der realen Kommunikationssitua-tion tatsächlich auf unseren Gesprächspartner treffen, macht es daher Sinn, sich ein paar grundsätzliche Gedan-ken über ihn bzw. sie zu machen und ihm bereits geistig unser Wohlwollen zu schicken. Ab jetzt geht es um die andere Seite des Tisches.

Geheimnis Nr. 11
Erfolgreiche Frauen setzen ihre geistigen Kräfte nicht dafür ein, andere zu besiegen, sondern dafür, mit ihnen gemein-sam zu gewinnen.

Übereinstimmungen suchen

Was wissen wir eigentlich über ihn/sie? Angefangen von der Position über seine/ihre Kollegen auf der gleichen Hie-rarchieebene bis hin zu seinen/ihren Vorgesetzten. Wel-cher Atmosphäre ist er/sie ausgesetzt? Was ist seine/ihre Situation im Unternehmen, wofür wird er/sie eigentlich bezahlt? Was sind seine/ihre Schwierigkeiten oder Freu-den? Bei solchen und weiteren Fragen geht es nicht darum, den anderen auszuspionieren oder wild herumzuspekulieren, sondern den Fokus unseres Interesses tatsächlich so kooperativ wie möglich auf ihn/sie auszurichten und auf das, was wir wissen oder beim Treffen in Erfahrung bringen können und sollten. Warum? Weil wir nach einem gemeinsamen Interesse, nach einer Übereinstimmung in der groben Richtung Ausschau halten.

Gemeinsamkeiten und Ähnlichkeiten schaffen Sympathie. Menschen, die ähnlich denken oder fühlen, die ähnliche Interessen oder Ziele, Hobbys oder auch Probleme haben, finden sich in der Regel gegenseitig sympathisch und interessant. Ähnlichkeit bedeutet psychologisch, dass wir glauben, den anderen einschätzen zu können – das fühlt sich vertraut und sicher an, ist beruhigend im Stress des Alltags, eine Insel für die Seele. Ähnlichkeit bedeutet auch eine Art Bestätigung für uns selbst. Wenn es andere gibt, die es genauso machen, kann unsere Art nicht so verkehrt sein – die Bestätigung tut gut. Uns selbst und dem/den anderen.

Was für ein Mensch ist das? Fühlen Sie hin. Was haben wir anzubieten, das ihm/ihr einen Nutzen bieten, eine Hilfe sein kann? Welche Erwartungen könnte er/sie haben? Falls wir schon öfter Kontakt miteinander hatten, wie verliefen diese Termine? Was können wir daraus lernen, was werden wir diesmal noch besser machen?

Der kleinste gemeinsame Nenner könnte der Grund dafür sein, ab sofort an einem Strang zu ziehen. Wenn wir wissen, was sein/ihr Problem, Ziel, Wunsch, am besten sogar die große Vision ist, dann können wir ganz anders zusammenarbeiten. Wir wissen, wie wir ihm/ihr helfen können, die eigenen Ziele zu erreichen – sofern das, was wir anzubieten haben, dafür geeignet ist und es auf dem Weg zu unserer eigenen Vision liegt. Wenn nicht, rudern wir sowieso in verschiedene Richtungen und sollten dies auch in verschiedenen Booten tun.

Es gibt keine Feinde, nur Reisende zu verschiedenen Ufern.

Im Vorfeld eines wichtigen Gesprächs können wir uns gut auf die Persönlichkeit des anderen vorbereiten, indem wir solche Fragen durchdenken und „durchfühlen". Als Frauen können wir unsere feinen Antennen ausfahren und natürlich unseren Verstand einsetzen, um unseren Gesprächspartner so gut wie möglich einzuschätzen – denn das gehört zu unseren Stärken –, um ihn/sie verstehen und die Zusammenarbeit dann möglichst konstruktiv gestalten zu können.

Selbstmarketing

Erfolgreiche Frauen betrachten ihren Beruf als Spielfeld, auf dem sie sich ausprobieren und entwickeln können, und nicht als Kriegsschauplatz. Sie spielen sportlich fair, engagiert und haben Spaß dabei. Ihre Fachkenntnis ist fundiert und auf dem neuesten Stand, weil sie sich von innen heraus für das Thema interessieren.

Aber nicht in erster Linie ihre Qualifikation und ihr Knowhow bringen die erfolgreiche Frau nach vorn. Noch entscheidender ist, dass sie ihre guten Leistungen auch systematisch präsentiert. Und nicht nur ihre eigenen, auch die ihres Teams und der Firma, für die sie arbeitet – je nachdem, wer ihr Gesprächspartner ist. Woher sollte man sonst wissen, dass sie gut ist? Nach einer Umfrage des deutschen Führungskräfteverbands aus dem Jahr 2007 betrachten nur 4 Prozent der befragten Führungskräfte die fachlichen

Viele Frauen halten Selbstmarketing für Angeberei – ein Fehler mit Folgen.

Qualifikationen als das Aufstiegskriterium Nummer eins – also fast niemand. Hingegen hält jeder dritte Manager gutes Selbstmarketing für ein entscheidendes Kriterium. Frauen neigen meist dazu, diesen Aspekt enorm zu vernachlässigen, weil sie es für Angeberei halten.

Wie reagieren Sie zum Beispiel, wenn Ihnen jemand ein Kompliment macht? „Das sieht gut aus, was du da anhast." – „Ach, das! Das war ganz billig!" So sind wir. Abwiegeln, relativieren, zurückgeben, bloß nicht annehmen. Warum freuen wir uns nicht einfach und nehmen es dankend an?

Typischerweise wiegeln wir Frauen auch unsere Leistung ab, nach dem Motto: „Das war doch nicht der Rede wert, das hätte doch jeder hinbekommen" – selbst wenn wir uns seit Ewigkeiten nach einer Anerkennung wie dieser gesehnt haben. Warum um alles in der Welt tun wir das? Glauben Sie, Männer machen das? Ganz ehrlich: nein!

Sie machen manchmal Fehler und sind deswegen verunsichert? Verzeihen Sie es sich, und dann schauen Sie sich Ihren Fehler ganz genau an, damit Sie daraus lernen können. Genau hier und nur hier besteht die Chance, noch besser zu werden. Um genau zu sein, gibt es überhaupt nichts zu verzeihen. Wenn ein Verhalten ab und zu nicht zum erwünschten Ergebnis führt, dann ist damit keine Schuld verbunden, sondern hier liegt lediglich – wie der Name „Fehler" schon sagt – ein Fehlen von Wissen, Aufmerksamkeit oder Können vor. Na und? Müssen wir Bruce Allmächtig sein, um aufrecht durchs Leben zu gehen? Ich finde nicht. Das Leben ist ein Lernprozess, jeden Moment.

Müssen wir Bruce Allmächtig sein, um aufrecht durchs Leben zu gehen?

Wie kommen wir eigentlich darauf, dass wir nur okay sind, wenn wir immer alles von Anfang an schon optimal können? Jeder, der gut ist, hat es irgendwann erst üben müssen. Und wie können wir neue Erfahrungen machen, wenn wir uns keine Fehler verzeihen? Wie über unsere Komfortzone hinauswachsen, wenn wir nicht das Risiko auf uns nehmen, etwas einfach auszuprobieren, ohne zu wissen, ob es so geht? Wenn wir das wirklich vermeiden wollen, bleiben wir stehen und verblöden. Und das wäre nun wirklich ein Fehler.

Geheimnis Nr. 12
Die Königin bereut nur die Dummheiten, die sie nicht begangen hat.

Müssen wir es im beruflichen Umfeld unbedingt herumerzählen, wenn uns mal ein Malheur passiert ist? Erzählen wir denn auch alles, was uns gelingt? Natürlich nicht. Dann behalten wir doch auch unsere zeitweiligen Selbstzweifel für uns, bis der Anfall vorüber ist. Oder halten Sie das für die Imagepflege, die Sie verdient haben? Ist Ihnen eigentlich bewusst, wie wir damit selbst unseren Ruf schädigen? Würden wir so über unsere beste Freundin sprechen? Nein? Dann lassen Sie uns auch nicht mehr auf diese Weise über uns selbst sprechen.

Nur keine falsche Bescheidenheit

Frauen unterschätzen im Allgemeinen die Wichtigkeit der Imagepflege im beruflichen Umfeld. Sie sind fleißig, schnell, effizient – und bescheiden. Sie hoffen heimlich

auf die Anerkennung, die ihnen zusteht, und warten insgeheim wie im Märchen auf den Prinz, der ihre gute
Arbeit und ihre berufliche Attraktivität erkennt und sie aus
dem Schatten ihres Daseins auf den »weißen Schimmel«
holt und ungefragt sonst wohin befördert. Aber wissen Sie

**Warten Sie nicht auf
den Prinz, der Ihre
gute Arbeit erkennt. Er
wird nicht kommen.**

was? Er wird nicht kommen. Weil er
mit sich selbst so beschäftigt ist, dass
er es sich möglichst leicht macht, um
Zeit und Kraft zu sparen für den ganz
normalen Wahnsinn in seinem eige-

nen Leben. Er hält daher diejenigen, die ihm ungefragt von
ihren Erfolgen berichten, für die Erfolgreichen. Und diejenigen, die fleißig, still und zuverlässig sind, für die anderen, die man auch braucht – und zwar am besten genau an
dem Posten, an dem sie sich befinden, denn da funktionieren sie ja. Können wir ihm das wirklich verübeln?

Ein guter Ruf, also das Image von Kompetenz, wirkt zu
einem nicht zu unterschätzenden Anteil beim beruflichen
Aufstieg mit. Gutes Selbstmarketing hilft aber nicht nur uns
selbst, sondern auch unseren Teamkollegen und -kolleginn-
nen und dem ganzen Unternehmen. Unser Erfolg ist ja ein
Teil des Team- und Unternehmenserfolgs. Es macht allen
Freude, wenn wir Teamleistungen wahrnehmen und feiern, selbst wenn es mal unsere eigenen sind. Loben Sie die
anderen um sich herum, wenn sie etwas geschafft haben,
selbst wenn es Ihr Chef ist (auch Chefs sind Menschen),

rufen Sie in Ihrem Umfeld die Wahrnehmung von guten Leistungen ins Leben. Bestellen Sie Pizza oder Kuchen, machen Sie einen Sekt auf, wenn jemand anderer oder Sie selbst einen Erfolg verbuchen konnten. Es vervielfältigt unsere Freude, macht auch anderen Mut und motiviert sie, wenn wir sie teilhaben lassen an unserer Begeisterung über den guten Ausgang eines schwierigen Kundentelefonats, eine gelungene Präsentation, einen lukrativen Auftrag, ein gutes Monatsergebnis.

Vor allem, wenn wir die Gelegenheit nutzen, allen Beteiligten für ihren Beitrag und die Unterstützung dabei zu danken. Denken Sie bei eigenen Erfolgen ruhig in der Wir-Form, dann sind Sie mutiger im offensiven Umgang damit.

Geheimnis Nr. 13
Als erfolgreiche Frauen stehen wir zu unseren Erfolgen und freuen uns über die von anderen.

Zum Erfolg gehört nun mal ein gewisses Maß an Selbstvertrauen und Imagepflege. Mit Image meine ich nichts Erfundenes, Übertriebenes, Überhebliches, nein, nur ganz einfach die Wahrheit. Frauen zeigen sich in der Regel nicht so gern in der Öffentlichkeit, außer sie sind zufällig der Typ dazu. Für gutes Selbstmarketing ist es jedoch sehr hilfreich, sich regelmäßig zu präsentieren. Bringen Sie sich ins

Blickfeld, etwa durch eine gute Idee beim Meeting (selbstbewusst und kurz und knackig vorgetragen), bei Besprechungen, lassen Sie sich auf Feiern sehen, halten Sie vielleicht eine kleine Ansprache beim nächsten Jubiläum. Brechen Sie Tabus – setzen Sie sich bei der After-Work-Party mal neben den Vorstandsvorsitzenden oder plaudern Sie zwanglos mit dem Geschäftsführer, stellen Sie sich bei einer Verabschiedung mal ein paar Minuten zum obersten Finanzchef. Gehen Sie gut gelaunt zu Messen oder Seminaren, zu Tagungen, nehmen Sie teil an Empfängen, halten sie einen Vortrag bei einem Netzwerktreffen, schreiben Sie einen Artikel in der Fachzeitschrift oder ein Buch.

Fangen Sie mit kleinen Schritten an, lassen sich zuerst helfen, üben es, und springen Sie dann über Ihren Schatten. So machen Sie sich einen Namen. Das trauen Sie sich nicht zu? Dann holen Sie sich kompetente Hilfe von jemandem, der es kann. Oder leisten Sie sich ein Coaching für mehr Mut und Überzeugungskraft. Wir wachsen mit unseren Aufgaben. So werden Sie schnell „bekannt wie ein bunter Hund" – als Expertin Ihres Fachgebiets.

Fachkompetenz, gute Leistung und Fleiß reichen nicht, um wirklich erfolgreich zu sein. Die Qualität unserer Arbeit, die berufliche Qualifikation, unser Fachwissen und Können gehört erstaunlicherweise nur mit schlappen zehn Prozent zu den Faktoren, die sich positiv auf die berufliche Karriere auswirken. Je höher wir aufsteigen, umso geringer wird der Anteil unserer Fachkenntnisse und unser Beitrag am operativen Tagesgeschäft. Umso wichtiger werden Themen wie sich präsentieren, kommunizieren, motivieren, koordinieren, informieren, delegieren, Kontakte pflegen, verhandeln und entscheiden. Vieles davon liegt uns Frauen sowieso, anderes können und müssen wir notfalls gezielt üben.

Vitamin B

Neben einem selbstbewussten, authentischen Selbstmarketing (Einfluss 30 Prozent) gehört noch zusätzlich Vitamin B mit geradezu ungeheuerlichen 60 Prozent dazu, wenn wir wirklich nach oben wollen (nach Barbara Schneider „Fleißige Frauen arbeiten, schlaue steigen auf", siehe Literaturliste im Anhang). Beziehungen und der Bekanntheitsgrad sind also der Hauptfaktor für beruflichen Aufstieg – wer hätte das gedacht!

Nicht, damit wir trotz unserer Ungeeignetheit, quasi ohne etwas dafür zu können, auf einen guten Posten manövriert werden, nein. Das würden unser Stolz und unsere Nerven ja gar nicht zulassen. Sondern damit unser Name fällt, wenn es darum geht, wer für einen ausgeschriebenen Posten fachlich infrage kommt. Wenn uns kaum jemand kennt, kann unser Name nicht fallen – ganz einfach. Und wenn niemand weiß, was unser Thema, unsere Leidenschaft und unsere Vision ist, dann auch nicht. Erwähnen Sie also ruhig immer mal wieder, was Ihr Spezialthema ist und wo Sie beruflich hin wollen.

Wer also sollte Sie und Ihre Kompetenz kennen? Natürlich Ihre unmittelbaren Kollegen – und Ihre Mitarbeiter, wenn Sie eine Führungsposition innehaben. Aber auch Ihre Vorgesetzten und andere Personen im Unternehmen, mit denen Sie sich ab und zu spontan und informell unterhalten. Natürlich auch Ihre Kunden und andere Kontakte außerhalb Ihres Unternehmens. Im Grunde jeder, mit dem Sie es gerade zu tun haben und mit dem sich das Gespräch in die berufliche Richtung entwickelt – man weiß ja nie. Von großem Vorteil ist es auch, Teil eines oder mehrerer Netzwerke zu sein. Hier lernen Sie jede Menge Leute kennen und die Sie. Und das ist gut so, wenn Sie an Ihrem Vitamin B arbeiten möchten. Finden Sie Menschen, die an Sie glauben und Ihre Stärken erkennen. Wer sich nicht sichtbar macht, wird nicht gesehen.

> **Wer sich nicht sichtbar macht, wird nicht gesehen.**

„Was machen Sie eigentlich so?"

Apropos: Wie präsentieren Sie sich eigentlich, wenn Sie nach einem belanglosen Geplänkel im Aufzug spontan gefragt werden: „Und was machen Sie so beruflich?"

Es könnte sich am nächsten Tag herausstellen, dass das ein sehr wichtiger Kunde ist oder im Begriff war, einer zu werden. Oder in dem vereinbarten Vorstellungsgespräch der/die mögliche neue Vorgesetzte. Oder jemand, der glänzende Kontakte hat zu Ihrem Traumjob. Wie unangenehm, wenn wir unsere Selbstdarstellung im Nachhinein zutiefst bereuen müssten, weil wir mal wieder vor lauter Bescheidenheit etwas gesagt haben, das ein bisschen nichtssagend und langweilig rüberkam oder gar unsere Firma lächerlich gemacht hat, oder wir gelangweilt abgewunken haben.

Geheimnis Nr. 14
Erfolgreiche Frauen sind Überzeugungstäter. Sie stehen zu dem, was sie tun und auch mit wem sie es tun.

Wenn Sie momentan nicht zufrieden sind mit Ihrem Job, dann erarbeiten Sie sich in Ruhe die Vision des Lebens, die wirklich zu Ihnen passt. Sprechen Sie dann davon (sobald Sie voll und ganz dazu stehen können) und suchen sich baldmöglichst ein geeignetes Umfeld. Weil Sie es sich wert sind – wie es so schön heißt. Machen Sie nie Ihr Umfeld für Ihre Unzufriedenheit verantwortlich, das macht keinen guten, selbstbestimmten Eindruck. Es zeigt, dass Sie die Verantwortung für Ihr Leben noch nicht übernehmen.

Was wir auf die Frage: „Was machen Sie eigentlich so?" brauchen, ist ein Satz, mit dem wir kurz und knackig beschreiben, was unser Unternehmen an Dienstleistung oder Produkten anbietet und worin unser Aufgabengebiet besteht. Es sollte interessant und kompetent klingen. Ohne das übliche weibliche Understatement. Probieren Sie es doch gleich mal. Ein Satz für Ihr Unternehmen und ein Satz für Sie! Und das alles in einem überzeugten, gut gelaunten Ton.

Das könnte beispielsweise so klingen: *„Wir bauen Wohnzimmer aus Glas. Ich verhelfe Menschen zu einer maßgeschneiderten Wintergartenlösung für ihr Eigenheim, mit der sie dann den Rest ihres Lebens auch wirklich zufrieden sein können. Und was machen Sie?"*

Oder: *„Wir bieten Unternehmen intelligente Personallösungen von klassischer Zeitarbeit über Outsourcing bis hin zu On-Site-Management. Ich betreue die Schnittstelle zwischen den Leiharbeitnehmern und den Firmenkunden und erarbeite individuelle Konzepte. Hatten Sie schon einmal Gelegenheit, mit dieser Dienstleistung eigene Erfahrungen zu machen?"*

Oder: *„Wir bieten kleinen und mittelständischen Unternehmen einen erfolgreichen Internetauftritt, mit dessen Hilfe sie auch in schwierigen Wirtschaftslagen täglich neue Kunden generieren. Meine Aufgabe ist dabei der Erstkontakt. Und in welchem Bereich sind Sie tätig?"*

Natürlich sollten wir mit so einem Satz flexibel bleiben, denn je nach Gesprächspartner macht es Sinn, die Wortwahl angemessen auszuwählen. Erfolgreiche Frauen achten darauf, nie überheblich, aber auch nie zu bescheiden aufzutreten.

Geheimnis Nr. 15
Erfolgreiche Frauen präsentieren sich kraftvoll und suchen dabei die Augenhöhe.

Die Energie unseres inneren Mannes zielorientiert einsetzen

Die beste Möglichkeit, die Zukunft vorherzusagen, ist die, sie mitzugestalten.   Anonym

Bis hierher haben wir uns viel mit der Kraft und dem Magnetismus unserer inneren Frau beschäftigt. In diesem und im nächsten Kapitel wenden wir uns nun der Energie unseres inneren Mannes zu, der Yang-Energie. Sie dient der Aktivität, Entfaltung und Veränderung. Das Yang verströmt sich, erhitzt alles und bringt in Bewegung. Es reißt Grenzen nieder, zerstört das Alte und steht für unser Handeln. Es repräsentiert den inspirierenden Impuls, unseren Mut, das Harte. Es initiiert alles Neue. Hier sind unsere Kraft und unser Kampfgeist zu Hause.

Die Fakten für das Gespräch vorbereiten

Nachdem wir uns mit der Magie unseres Yin erst selbst in Höchstform gebracht, uns dann Gedanken über den Sinn unseres Kontaktes sowie die Persönlichkeit unseres Gegenübers gemacht haben, können wir uns nun mit der Energie unserer linken Gehirnhälfte, unserem logischen Verstand, um die nackten Fakten des Inhalts kümmern. Wahrscheinlich sind Sie in Ihrem Fachbereich kompetent und der fachliche Inhalt ist Ihnen klar. Falls Sie neu in dem Bereich sind oder das Thema der Begegnung immer wieder neu und vorbereitungsintensiv ist, tun Sie sich den Gefallen, sich damit auch inhaltlich rechtzeitig auseinanderzusetzen – sonst kommen Sie in Stress, müssen vielleicht schludern, bluffen und werden unnötig nervös.

Gut geplant ist halb gewonnen

Zur inhaltlichen Vorbereitung kann gehören, einen Vortrag, ein Gespräch detailliert auszuarbeiten, zu üben, am besten laut. Sammeln Sie alle Argumente, die Ihr Gegenüber gegen Ihren Vorschlag haben könnte, und entwickeln Sie dafür kreative Lösungsmodelle. Planen Sie zum Beispiel bei Gehaltsverhandlungen von Anfang an spielerisch ein Nein Ihres Chefs mit ein und halten Sie eine überzeugende Antwort darauf parat. Überlegen Sie sich auch Lösungen für den Fall, dass Ihr Gegenüber ein Pokergesicht aufsetzt und mit einem barschen „Darüber brauchen wir gar nicht zu reden" oder einem bedauernden „Mir sind leider die Hände gebunden" aufwartet. Die Vorbereitung von Argumentationslisten, Antworten auf mögliche Einwände, Nutzennennung, Leistungsaufzählungen, bisherige Ergebnisse und hilfreiche Beispiele gehören in eine gute inhaltliche Vorbereitung. Ebenso eine Aufzählung dessen, womit Sie dem Unternehmen Geld oder Zeit eingespart haben, neue Kunden gewonnen, alte gehalten, Abläufe optimiert, Qualität oder Quantität erhöht haben, ein Projekt erfolgreich abgeschlossen oder das Team motiviert haben bzw. dies in Zukunft tun könnten. Listen Sie alle denkbaren Stärken und Nutzenvorteile auf, mit denen Sie dann falls nötig im Gespräch spontan argumentieren könnten.

Falls Sie über Zahlen, Preise oder Termine verhandeln möchten, überlegen Sie, wo Ihr Idealtreffpunkt liegt und wo Ihre Verhandlungsuntergrenze. Dann nennen Sie in der Verhandlung eine Zahl deutlich über der Ideallinie, um das Spiel des sich gegenseitig in der Mitte Entgegenkommens noch zwei Runden lang spielen zu können. Lassen Sie grundsätzlich den Gesprächspartner die erste Zahl nennen, dann können Sie über Ihren Gegenvorschlag besser bestimmen, wo in etwa die spätere Mitte ist, bei der Sie sich treffen. Natürlich müssen Sie wissen, was branchenüblich ist, sonst kann der Schuss nach hinten losgehen. Es ist ein Spiel, sehen Sie es möglichst entspannt. Sie werden den Ausgang auch im schlimmsten aller Fälle voraussichtlich überleben.

Zur Vorbereitung können ebenfalls Überlegungen zu einem Plan B, die Ausarbeitung von schriftlichem Material oder das Einlesen in ein angrenzendes Thema gehören, aber auch, dass man eventuell Fachwissen auffrischt, sich ein

Coaching gönnt usw. Sämtliche Fakten, die uns aufgrund der gemeinsamen Vorgeschichte mit unserem Gesprächspartner bereits vorliegen, nutzen wir, um uns inhaltlich auf das Treffen einzustimmen. Und sei es nur für zwei Minuten. Absolut sinnvoll ist es, sich die letzten Absprachen und Vereinbarungen ins Gedächtnis zu rufen und daran wenn möglich anzuknüpfen.

Auf dem Weg zum Termin

Wenn schließlich alle Vorüberlegungen und sachlichen, die Fakten betreffenden Vorbereitungen getroffen sind, geht's los Richtung Termin. Was brauchen wir an Equipment – haben wir Visitenkarten, Handy, die Namen sämtlicher Beteiligten dabei? Eine Ersatzbluse im Auto, Deo, Adresse, Navi und die Telefonnummer, falls unterwegs die Notwendigkeit besteht, anzurufen? Prospekte, schriftliche Ausarbeitungen? Angebot, Referenzschreiben, Stichpunktliste, Mitbringsel? Zettel und Stift für Notizen vor Ort? Beamer, PowerPoint-Präsentation, Laptop? Lieber zu viel als zu wenig, im Auto liegt es gut.

Visitenkarten, Handy, Ersatzbluse, Deo – nehmen Sie lieber zu viel mit als zu wenig.

Falls Sie mit dem Auto, Zug oder Flugzeug eine kürzere oder längere Anfahrt einplanen, bitte achten Sie sich selbst zuliebe auf Pufferzeiten, damit kein unnötiger Stress aufkommt – das schmälert nämlich die Leistungsfähigkeit enorm. Oder gehen Sie vielleicht nur den Gang runter, ein paar Zimmer weiter? Wie auch immer, gehen Sie es möglichst ruhig an. Bei extrem großem Stress und Zeitdruck funktioniert nämlich nur noch das Stammhirn wirklich gut. Und dieses ist bekanntermaßen für Entscheidungen zwischen Flucht, Angriff, Totstellreflex oder Fortpflanzung zuständig. Doch solche Dinge sollten nicht wirklich das sein, was uns als erfolgreiche Frau nach vorn bringt. Ganz davon abgesehen wirkt Ruhe und Gelassenheit einfach sehr kompetent.

Professionelles Auftreten, am Flipchart präsentieren, gute Reden halten oder überzeugende Statements abgeben, das lernt man nur theoretisch aus einem Buch. Das Entscheidende ist vielmehr die Praxis und Übung, Übung, Übung. Es gibt Rhetorikkurse, Sprech- und Stimmtrainings, DVDs mit zahlreichen Hinweisen zu Körperhaltung, Mimik, Gestik, Atmung, Aussprache, Klang der Stimme, Sprechtempo, Lautstärke, Melodie, Betonung, Pausen, Dialekt und vielen Details mehr. All das lohnt sich, um einen Überblick über die Variablen zu erhalten, um die es dabei geht. Blickkontakt, Gesprächsaufbau, der Umgang mit Einwänden und Angriffen – all das wird im Kapitel „Das Vierphasenmodell" behandelt. Am einfachsten ist alles, wenn wir authentisch sind und sowohl unser herzliches Interesse am anderen als auch unsere Leidenschaft dem Thema gegenüber echt sind. Wenn wir das glauben, was wir sagen, dann kommen wir automatisch gut und ehrlich rüber.

Trotzdem lohnt sich ein persönliches Training immer für Menschen, die mit ihrer Fähigkeit zu reden ihr Geld verdienen. Den eigenen „Auftritt" durch ein Coaching zu optimieren, die eigene Vision klar zu entwickeln oder innere bzw. äußere Konflikte mithilfe eines professionellen Coachs zu klären, diese Möglichkeiten nutzen bisher, meist natürlich heimlich, deutlich mehr Männer. Schade eigentlich, denn es ist sehr effektiv.

Mit wem haben Sie es zu tun? Die Persönlichkeitstypen

„Es gibt drei Arten von Wahrheiten:
meine Wahrheit, deine Wahrheit und die Wahrheit."

Chinesisches Sprichwort

Innerhalb von Sekunden wissen wir, ob wir ein bisher unbekanntes Gegenüber sympathisch finden oder nicht. Oft liegt eine wenig ausgeprägte gegenseitige Sympathie einfach nur daran, dass wir so völlig unterschiedliche Typen sind. Sie wissen ja, Ähnlichkeit schafft Sympathie. Und Unähnlichkeit Misstrauen. Denn sie verunsichert uns. Dieser andere erscheint uns seltsam. Er/sie verhält sich ganz anders, als wir es täten. Das irritiert uns natürlich. Wir wissen nicht, wie wir Situationen mit dieser Person „kontrollieren" können, mit was wir da noch so alles rechnen müssen. Das bringt unser psychologisches System in gewisse Alarmbereitschaft.

Durch einen kleinen Einblick in die Persönlichkeitstypologie erkennen wir schneller die Unterschiede der Typen und können ihr Verhalten leichter einordnen. In meinem Buch „Ich dich auch, Liebling" (siehe Literaturliste im Anhang) habe ich diese Typen einschließlich der entstehenden Begegnungschancen, aber auch ihrer speziellen Herausforderungen im Rahmen der privaten Beziehung ausführlich dargestellt. Selbstverständlich gelten die dort beschriebenen jeweiligen Eigenheiten, die Fettnäpfe und Auslöser für Respekt und Kooperationsbereitschaft auch im Beruf. In diesem Kapitel bekommen Sie nun eine kurze Zusammenfassung.

Ich arbeite gern mit dem DISG-Modell, das vier Persönlichkeitstypen zulässt, weil es überschaubar und praxisnah ist, und bin mir dabei immer bewusst, dass Menschen in Wahrheit natürlich wesentlich komplexer sind. Es unterscheidet zwischen intro- und extravertierten Menschen und zwischen Gefühls- und Verstandesmenschen. Daraus ergibt sich der extravertierte Verstandesmensch (D), der extravertierte Gefühlsmensch (I), der introvertierte Gefühlsmensch (S) und der introvertierte Verstandesmensch (G). „D" steht für dominant, „I" für initiativ, „S" für stetig und „G" für gewissenhaft.

Alle Typen gibt es sowohl unter Frauen als auch unter Männern. Wenn im Folgenden von „er" die Rede ist, ist damit der Typ gemeint. Jeder Typ hat seine eigene Sicht auf die Welt, seine Werte, Stärken und Prioritäten. Und jeder hat in seiner Welt Recht.

Dominanter Typ (D): der extravertierte Verstandesmensch

Ihn interessiert Macht, Erfolg und Status. Er/sie ist der klassische Macher und Entscheider. Schnell entschlossen und ohne Gefühlsduseleien. Der dominante Typ ist selbstbewusst, durchsetzungsstark, sachbezogen und zielorientiert. Das Risiko reizt ihn, Konfrontation gehört zu seinem Leben wie die Sahne zum Eis. Seine Körpersprache drückt Dominanz aus, der Blickkontakt ist direkt. Er spricht deutlich und laut, seine Schritte sind resolut und schnell. Hat er sich seine Meinung erst mal gebildet, kann man ihn kaum von etwas anderem überzeugen. Hat jedoch jemand treffsichere Argumente, die er klar und selbstbewusst vorbringt, kann sich der Dominante darauf einlassen und sie schnell zu seinen eigenen machen. Es geht ihm um die sachlich beste Lösung.

Seine Stärken: Er ist führungsstark, zielorientiert, mutig, logisch, willensstark, einsatzbereit, entschlussfreudig, vorausschauend.

Seine Schwächen: Er ist taktlos, rücksichtslos, kann nicht zuhören, ist ungehobelt, cholerisch, undiplomatisch.

Vorherrschende Emotion: Ärger, Ungeduld

Das motiviert ihn: Bewunderung und Macht

▶

Seine größte Angst: Kontrollverlust und Versagen

Schlüsselwörter: Herausforderung, neu, riskant, reizvoll, etwas Besonderes, nicht 08/15, schnell, Erfolg versprechend, mutig

Tipps für den Umgang mit einem dominanten Gesprächspartner

- Überlegen Sie sich vorher, was Sie sagen wollen und wie Sie es gut vorbereitet kurz und knackig rüberbringen.

- Geben Sie bei ausgearbeiteten Vorschlägen immer zwei Alternativen an, mit prägnant genannten Vor- und Nachteilen, und lassen Sie ihm/ihr die Wahl.

- Zeigen Sie ihm/ihr regelmäßig Ihre Achtung und Ihren Respekt vor seinen/ihren Leistungen, auch wenn es Ihr Chef ist.

- Achten Sie neben dem Dominanten stets auf Ihre eigene Unabhängigkeit und Selbstständigkeit, bleiben Sie immer auf Augenhöhe.

- Wenn Sie die Vorgesetzte eines Dominanten sind, dann sorgen Sie regelmäßig für Abwechslung, echte Herausforderungen, Anerkennung und immer für einen Bereich, in dem der/die Dominante eigenverantwortlich arbeiten kann. Kritik nur unter vier Augen!

Initiativer Typ (I): der extravertierte Gefühlsmensch

Er ist das klassische Sonnenscheinchen. Immer gut drauf, ein Witzchen oder einen lockeren Spruch auf den Lippen und mit jedem sofort im Gespräch. Ein Vertriebstyp. Er/sie lacht gern und benimmt sich schnell vertrauensvoll, auch wenn man sich kaum kennt – wo er/sie ist, entsteht unweigerlich Heiterkeit und Pausenstimmung. Der Blickkontakt ist immer offen und herzlich, die Themen menschlich und humorvoll. Initiative Typen, vor allem Frauen, kleiden sich gern modisch auffällig, bunt und ein bisschen flippig. Auf Menschen kann der Initiative gut eingehen – redet allerdings mehr, als dass er zuhört. Er ist lebhaft und schwungvoll. Pünktlichkeit und Detailarbeiten sind ihm lästig. Er ist der geborene „Alles-auf-den-letzten-Drücker-Typ" und nimmt das Leben von der leichten Seite.

Seine Stärken: Er ist liebenswert, begeisterungsfähig, kreativ, abwechslungsreich, kontaktstark, unterhaltsam, mitreißend, motivierend, sympathisch, optimistisch, charmant, spontan, flexibel.

Seine Schwächen: Er ist unpünktlich, unzuverlässig, unstrukturiert, redet zu viel.

Vorherrschende Emotion: Fröhlichkeit, Freude

Das motiviert ihn: Zugehörigkeit und Sympathie

Seine größte Angst: Allein zu sein, nicht gemocht zu werden
Schlüsselwörter: Spaß, zum Lachen, lustig, fühlt sich gut an, nett, mal was anderes, sympathisch, viele Leute, da ist was los, Überraschung, leicht, heiter

Tipps für den Umgang mit einem initiativen Gesprächspartner

- Nehmen Sie sich Zeit zum Zuhören, genießen Sie die Geschichten, kreativen Ideen und überlegen Sie, ob diese es wert sind, umgesetzt zu werden. Wenn Sie seine/ihre Ideen mögen, kümmern Sie sich selbst um die Planung und Umsetzung.

- Zeigen Sie durch Lächeln, gemeinsames Lachen, aber auch durch Anerkennung der Leistungen der/des Initiativen, dass Sie ihn/sie mögen.

- Äußern Sie Kritik sehr warmherzig, diplomatisch oder am besten humorvoll.

- Nehmen Sie das Chaos des Initiativen als Gelegenheit, selbst in Bezug auf Spontaneität, Toleranz und Flexibilität zu wachsen. Verabreden Sie sich mit dem Initiativen immer eine Viertelstunde vor dem eigentlichen Termin.

- Wenn Sie Vorgesetzte sind, ermöglichen Sie dem/der Initiativen Freiraum, Abwechslung und Kontakte mit Menschen.

Stetiger Typ (S):
der introvertierte Gefühlsmensch

Er liebt Harmonie und seine Ruhe. Routinearbeiten im Kreise seines Teams sind ihm am liebsten. Er hört gern zu, spricht selbst aber eher wenig. Der/die Stetige hasst Veränderungen und passt sich lieber an, statt für irgendwas zu kämpfen oder anderswo noch mal neu anzufangen. Er/sie ist loyal, überall beliebt, beständig und absolut zuverlässig. Der Stetige ist ausgeglichen und ruhig, häufig dezent und unauffällig. Angeberei ist ihm zuwider, daher stellt er sein Licht lieber unter den Scheffel. Seine Familie hat mindestens den gleichen Stellenwert wie der Job. Im Umgang mit anderen ist er stets diplomatisch.

Seine Stärken: Er ist loyal, anpassungsfähig, freundlich, ruhig, ein Teamplayer, beständig, zuverlässig, hilfsbereit, zurückhaltend, geduldig und hat spezialisiertes Wissen.

Seine Schwächen: Er ist entscheidungsschwach, zu nachgiebig und fügsam, hängt sein Fähnchen in den Wind.

Vorherrschende Emotion: Selbstbeherrschung trotz intensiver Gefühle

Das motiviert ihn: Harmonie und Frieden

Seine größte Angst: Direkte Konfrontation

Schlüsselwörter: Zeit lassen, harmonisch, ruhig, dezent, herzlich, friedlich, entgegenkommend, angenehm, leise, sicher, in aller Ruhe, gut überlegt

**Tipps für den Umgang
mit einem stetigen Gesprächspartner**

- Zeigen Sie sich menschlich, erzählen Sie auch mal was Persönliches und fragen Sie nach seiner/ihrer Familie.
- Er hasst es, ins Lampenlicht zu geraten. Vorträge, Auftritte, selbst Ehrungen sind ihm ein Gräuel.
- Achten Sie im Kritikgespräch auf Ausgewogenheit, Freundlichkeit und Wertschätzung.
- Wenn Sie die Vorgesetzte sind, bedenken Sie, dass der/die Stetige immer mal wieder seine Ruhe und das Alleinsein braucht. Zeigen Sie sich in Anerkennung seiner Loyalität immer entgegenkommend.
- Als Vorgesetzte sollten Sie wissen, dass der Stetige mit seinem Team herzliche Verbundenheit empfindet und ihm Veränderungen große Probleme machen, für die er Zeit braucht.

Gewissenhafter Typ (G): der introvertierte Verstandesmensch

Er ist der klassische Zahlen-Daten-Fakten-Typ. Er liebt Tabellen und grafische Darstellungen und zieht sich gern für detaillierte, fundierte Auswertungen hinter den PC zurück. Er/sie plant und organisiert gern und sehr systematisch. Der Gewissenhafte hält penibel Ordnung und hasst Überraschungen. Er liebt das Bewährte, weil es Sicherheit bietet.

Er hasst es, unter Zeitdruck zu arbeiten, denn schludriges „Husch-Husch" ist überhaupt nicht sein Ding. Der Gewissenhafte ist vorsichtig, kritisch, misstrauisch und verstandesorientiert. Im Kontakt mit Menschen ist er/sie eher steif, zurückhaltend, im Vergleich zu den anderen Typen reserviert und verschlossen. Emotionalität ist ihm unangenehm, er braucht körperliche Distanz und Sachlichkeit. Er/sie kleidet sich konservativ, sehr korrekt und penibel.

Seine Stärken: Er hat fundiertes Fach- und Expertenwissen und Durchhaltevermögen, geht in die Tiefe, ist analytisch perfekt, gründlich, genau, ordentlich, verlässlich und objektiv.

Seine Schwächen: Er ist kontaktschwach, steif, langsam, unflexibel und wirkt gefühllos.

Vorherrschende Emotion: Kritik, ängstliche Befürchtungen

Das motiviert ihn: Sicherheit und Bestätigung

Seine größte Angst: Fehler zu machen

Schlüsselwörter: Qualität, abgesichert, strukturiert, bewährt, fundiert, langjährig erprobt, wissenschaftlich erwiesen, getestet, genau ausgearbeitet, in aller Ruhe, zuverlässig, gut geplant, vorbereitet, präzise, perfekt

Tipps für den Umgang mit einem gewissenhaften Gesprächspartner

- Argumentieren Sie immer gut vorbereitet, logisch, strukturiert, nennen Sie bei allen Vorschlägen Vor- und Nachteile – am besten sauber aufbereitet in Tabellenform und mit Quellenverweisen. Präsentieren Sie alles sachlich, drücken Sie sich klar und präzise aus und rechnen Sie damit, dass der/die Gewissenhafte alles wörtlich nimmt. Halten Sie sich inhaltlich und zeitlich exakt an die Vereinbarungen.

- Wahren Sie Distanz, Haltung und lassen Sie Persönliches weg. Ein konservativer Auftritt kommt bei ihm wesentlich besser an als eine flippige, lustige Begegnung mit heiteren Anekdoten.

- Nehmen Sie kritische, vorsichtige und misstrauische Reaktionen niemals persönlich und erwarten Sie keine Begeisterungsausbrüche.

- Wenn Sie die Vorgesetzte sind, lassen Sie ihm/ihr Zeit für gründliches Arbeiten und möglichst ein eigenes Büro. Geben Sie ihm/ihr regelmäßig positives Feedback für die akkurate, gründliche und zuverlässige Arbeit.

- Bieten Sie ihm/ihr bei umfangreichen Projektarbeiten einen detaillierten Aktionsplan mit schrittweisem Zeitablauf und bewährtem Vorgehen oder lassen Sie diesen von ihm/ihr erarbeiten.

Was können wir daraus lernen?

Vielleicht ist Ihnen beim Lesen der Kurzbeschreibungen der ein oder andere Mensch dazu eingefallen oder Sie haben sich selbst darin wiedererkannt. Der dominante Typ wird oft mit dem klassisch männlichen Prinzip in Verbindung gebracht, der Stetige mit dem klassisch weiblichen. Möglicherweise haben Sie auch gleich bei mehreren Typen Eigenschaften von sich gefunden. Dann sind Sie ein Mischtyp.

Es kann auch sein, dass Sie im Beruf anders auftreten als im privaten Umfeld oder in Ihrer Partnerschaft. Meist fordern wir uns – privat wie beruflich – gegenseitig unbewusst heraus, ins Extrem zu gehen. Der eine findet seinen Lieblingsfeind im Beruf, der andere hat ihn/sie zu Hause. Er spiegelt uns den nicht gelebten Aspekt, den es zu integrieren statt zu bekämpfen gilt. Eine echte Herausforderung.

Als Gewissenhafter haben wir zum Beispiel am meisten Probleme, mit dem Initiativen klarzukommen, und umgekehrt. Denn beide leben die jeweils andere Seite der Medaille. Genauso ist es, wenn Dominante und Stetige aufeinandertreffen. Gerade des einen Stärke ist die Schwäche des anderen – und es ist liegt nahe, dass sie das gegenseitig, da unähnlich, nicht gerade sympathisch finden. Man kann auch sagen, sie gehen sich gegenseitig gehörig auf die Nerven, obwohl keiner aus seiner Sicht etwas Böses tut.

Gerade als gegensätzlicher Typ ist es extrem hilfreich, sich der Fettnäpfe des anderen bewusst zu sein. Als Initiativer im Gespräch mit dem Dominanten heißt es, pünktlich zu sein, direkt zum Thema zu kommen und Witzchen zu lassen, dafür klare Ansagen zu machen und – Achtung! – sich daran auch zu halten. Für einen Gewissenhaften im Gespräch mit einem Initiativen besteht die Herausforderung darin, auch mal zu lächeln, notfalls sogar zu lachen und sich Zeit für Persönliches zu nehmen. Umgekehrt kann der Initiative im Kontakt mit dem Gewissenhaften üben, korrekt, sachlich und genau zu sein. Als Dominanter im Kontakt mit einem Initiativen oder ganz besonders mit einem Stetigen kommt es darauf an, sich auch Zeit für das Menschliche, Persönliche zu nehmen und darauf zu achten, freundlich zu sein. Umgekehrt kann ein Stetiger im Gespräch mit einem Dominanten üben, klipp und klar zu sagen, was er will und wozu das gut ist – ohne Herumgeeiere. Jede Menge Möglichkeiten also für alle Beteiligten zu lernen, noch flexibler zu werden und ihren Horizont zu erweitern.

Nachdem Sie sich nun mit den verschiedenen Persönlichkeitstypen vertraut gemacht haben, sind Sie gewappnet für die tatsächliche Begegnung.

Das Vierphasenmodell

„Mut ist die Bereitschaft, zu bestätigen,
was man sich denken kann."

Leo Rosten

Phasenmodelle für Gespräche haben natürlich mehr den Charakter eines hilfreichen roten Fadens, an den wir uns entspannt halten können, als von starren, streng voneinander getrennten Blocks. Ich arbeite als grobe Orientierungshilfe gern mit diesen vier Phasen: der Begrüßungs-, Informations-, Präsentations- und Abschlussphase. Jede der vier Phasen hat ihre eigene Aufgabe und schafft Schritt für Schritt die vier Voraussetzungen für erfolgreiche Winwin-Gespräche: Vertrauen, Kenntnis der Situation aller Beteiligten, individuell maßgeschneiderte Präsentation und ein Abschluss, der alle einen Schritt weiter bringt. Wenn es irgendwo im Gespräch zu Schwierigkeiten kommt, so liegt es meist daran, dass wir in der vorangehenden Phase deren Aufgabe noch nicht hinreichend erfüllt haben. Dann können wir einfach in die vorherige Phase zurückspringen und ab da wieder weitermachen.

Das Telefongespräch stellt eine Besonderheit dar, da wir dabei das machtvollste Kommunikationsmittel, nämlich die Körpersprache, nicht einsetzen und auswerten können – noch nicht. Im Prinzip gelten bis auf diese eine Ausnahme (kein Einsatz von Körpersprache) alle anderen Kriterien der Kommunikation natürlich auch am Telefon. Auf was Sie jedoch durch den Wegfall des visuellen Eindrucks besonders achten müssen und wie Sie das, sofern nötig, kompensieren können, erfahren Sie in den Abschnitten über die einzelnen Phasen.

1. Phase: Die Begrüßung – Vertrauen aufbauen

Im Laufe der Begrüßung – oder beim persönlichen Kontakt sogar schon in den Sekunden vor dem ersten Wortwechsel – bilden wir uns einen Eindruck voneinander.

Für den ersten Eindruck brauchen wir etwa fünf Sekunden. Das erste Bild, das wir uns vom anderen machen, entsteht – als Überbleibsel unserer evolutionären Entwicklung – innerhalb kürzester Zeit. Schließlich war es für die frühe Menschheit enorm wichtig, schnell zu entscheiden, wer Freund und wer Feind ist – davon konnte das Überleben abhängen. Und nur darum geht es unserem Stammhirn bei der Bildung des ersten Eindrucks. Ihn zu unterschätzen

Sie haben genau eine Chance für einen guten ersten Eindruck.

wäre dumm, da er sehr hartnäckig ist. Gut also, wenn es uns gelingt, einen guten ersten Eindruck zu machen, denn der schützt uns auch bei einem späteren schlechten Auftritt eine ganze Weile vor einem negativen Urteil. Umgekehrt ist es umso dramatischer: Ein schlechter erster Eindruck ist genauso hartnäckig und selbst super Leistungen können ihn nie mehr oder nur sehr schwer auflösen.

Wie also können wir diese fünf Sekunden zu unserem Vorteil nutzen? Hauptsächlich entsteht der erste Eindruck durch Äußerlichkeiten wie Körpersprache und Kleidung, aber auch durch authentische Freundlichkeit (etwa unser Lächeln) und den Klang unserer Stimme.

Am Telefon

Am Telefon haben wir ausschließlich unsere Stimme – im Einzelnen Tonhöhe, Sprachmelodie, Geschwindigkeit, Dialekt, Pausen und Betonungen, das Sprachniveau und das gesprochene Wort – sowie unser Lächeln und Lachen als Instrumente für den guten Eindruck. Und das können wir nutzen.

Deutliches, lieber ein bisschen zu langsames als zu schnelles Sprechen machen es dem anderen leicht, uns zu folgen. Zunächst geht es darum, unseren Namen zu nennen und den des anderen zu erfahren, um ihn korrekt wiederzugeben. Für jeden ist der eigene Name eine Selbstverständlichkeit, deswegen klatschen die meisten Menschen dem anderen in atemberaubender Geschwindigkeit ihren

Namen und den ihrer Firma um die Ohren und fallen anschließend gleich mit dem Thema über ihn her. Der Angerufene hat in 99 Prozent der Fälle keine wirkliche Chance, mitzubekommen, mit wem er es zu tun hat und wie das Unternehmen heißt, von dem aus er angerufen wird. Das verärgert ihn auf der Stelle. Nicht umsonst würgen wir derlei Telefonate von irgendwelchen Fremden möglichst umgehend wieder ab. Und warum? Weil die meisten am Telefon zu schnell und viel zu undeutlich sprechen, keine Pause zum Luftholen lassen und mit einem Wortschwall förmlich über den anderen herfallen. Das verschafft ihnen keine Sympathien.

Wer am Telefon undeutlich und ohne Punkt und Komma spricht, erntet keine Sympathien.

Sie wollen es besser machen? Auch am Telefon die ersten Sekunden dafür nutzen, einen guten Eindruck zu hinterlassen? Dann bedenken Sie als Erstes, dass die angerufene Person bis zum Klingeln des Telefons mit irgendetwas beschäftigt war und dem während des Abhebens in Gedanken noch nachhängt. Sie sagt: „Firma Schallgruber & Söhne, Müller, guten Tag?" und ist in den nächsten paar Sekunden nur bedingt aufnahmefähig. Daher ist es am vorteilhaftesten, wenn wir ihr zuerst eine Information geben, die sie sowieso schon kennt, und erst danach etwas Neues ansprechen. Ideal wäre daher, wenn wir die Person am anderen Ende der Leitung zuerst mit ihrem Namen begrüßen und dann unseren eigenen nennen. Dafür müssen wir aber ab dem ersten Wort vom anderen Ende der Leitung zu 100 Prozent aufnahmebereit sein und – am besten mit Stift und Zettel bewaffnet – auf ihren Namen lauern. Dann können wir ihr sofort damit antworten: *„Guten Tag, Frau Müller, Firma Rattlinger, mein Name ist Lisa König."* Pause zum Luftholen. Nun kann Frau Müller antworten, wenn sie möchte, und hat es leicht, unseren Namen zu wiederholen, denn das ist das Letzte, was gesagt wurde. Er schwingt als Echo noch in ihrem Ohr. Die meisten Frau Müllers antworten an dieser Stelle: „Hallo, Frau König, was kann ich für Sie tun?"

Jetzt können wir ruhig, freundlich und lächelnd unser Anliegen vortragen. Die liebe Frau Müller kann sich eines Lächelns kaum erwehren (auch am Telefon ist ein Lächeln meist ansteckend) und kann sich sogar beim Durchstellen an unseren Namen erinnern. Und wir an ihren. Notieren Sie ihn in Ihrer Kundendatei, falls es so etwas bei Ihnen gibt. Beim nächsten Mal sind wir schon fast „alte Bekannte" und können vielleicht schon ein paar etwas persönlichere Worte wechseln. Jeder Mensch aus dem Team unseres Gesprächspartners ist wichtig für uns und bildet ein Puzzlestück des Gesamtbildes „Erfolg". Man weiß nie, wie die formellen oder informellen Verbindungen sind.

Jeder Mensch aus dem Team Ihres Gesprächspartners ist wichtig für uns.

Falls Sie systematische Kaltakquise per Telefon machen, um neue Kunden zu gewinnen, Dienstleistungen oder Produkte zu verkaufen, Termine zu vereinbaren oder eine Umfrage zu machen, empfehle ich Ihnen, an einem Gruppentraining teilzunehmen oder sich ein Coaching zu leisten. Je größer der Praxisanteil, umso besser. Es gibt dafür so viele wundervolle Tipps, die Ihr Arbeiten um 100 Prozent revolutionieren, den Rahmen dieses Buches aber leider sprengen. Durch praxisnahes Training on the job konnte ich schon helfen, die Terminquote von 20:1 auf 3:1 zu verbessern. Und machen wir uns nichts vor: Durch das Lesen eines Buches werden wir nicht plötzlich über Nacht zum Profi. Was wir brauchen, ist Übung, Übung und noch mal Übung. Und am effektivsten ist das natürlich mit einem Coach an unserer Seite, der in Sachen Win-win-Kommunikation aus eigener Erfahrung ein Praxisprofi ist.

Eindruck machen beim persönlichen Treffen

Der erste Eindruck bei einem persönlichen Treffen folgt anderen Regeln. Ein gepflegtes Äußeres, die Kleidung, Frisur, unsere Körpersprache, die Mimik und Gestik, unsere Art zu stehen und zu gehen – diese Dinge tragen hier zu über 60 Prozent zum ersten Eindruck bei. Mit weiteren 30 Prozent tragen unsere Augen (über das

Nicht Worte, sondern äußere Erscheinung, Körpersprache und Stimme bestimmen den ersten Eindruck.

Blickverhalten, die Augenkontakthäufigkeit und -dauer, die

Lidschlagfrequenz, sogar die Pupillengröße) sowie die Qualität unserer Stimme (mit der dadurch zum Ausdruck kommenden Stimmung, unserem Selbstbewusstsein, unserer Stimmlage, dem Sprechtempo, den Betonungen und Pausen, der Lautstärke und der Sprachmelodie) zum Gesamtbild bei. Nur schlappe 7 Prozent Effekt hat der Inhalt unserer Worte. Wie intelligent doch unser uralter Instinkt ist: Worte waren noch nie annähernd so glaubwürdig wie Körpersprache. Und je weiter die Entfernung vom Kopf, umso ehrlicher ist die Sprache unseres Körpers.

Den eigenen Typ entwickeln und unterstreichen

Beim Thema Kleidung geht es niemals um Verkleidung, sondern darum, die natürliche Ausstrahlung geschickt zu unterstreichen. Das Gleiche gilt fürs Make-up. Wertet man das Auftreten beruflich erfolgreicher Frauen daraufhin aus, so zeigen sich folgende Gemeinsamkeiten: Sie tragen alle klassische, aktuelle Mode in maximal zwei Farben, sie zeigen wenig nackte Haut, sind dezent geschminkt, haben eine gepflegte Frisur – tragen langes Haar nicht als wallende Mähne, sondern gebändigt –, ihre Fingernägel sind relativ kurz und gepflegt, sie tragen wenig, dafür lieber hochwertigen Schmuck und sie bleiben ihrem Stil über Jahre hinweg relativ treu. Die Benimmregeln auf dem öffentlichen Parkett haben sie drauf (eine gute Zusammenfassung finden Sie im Buch „Business Knigge" von Christina Tabernig und Anke Quittschau, siehe Literaturliste im

Anhang) und sie sind auf sympathische, natürliche und entspannte Art selbstbewusst.

Geheimnis Nr. 16
Die erfolgreiche Frau tritt heute schon so auf, wie es zu der von ihr angestrebten Position von morgen passt.

Noch wichtiger ist allerdings, dass Sie das kultivieren, was zu Ihnen passt. Verbiegen Sie sich nicht. Was passt zu Ihnen, sind Sie eher der sportliche oder der elegante Typ? Eher der feminine oder der kühle, klassische Typ? Wir legen es also darauf an, das Outfit zu finden, in dem wir uns nicht nur wohlfühlen, weil es zu uns und unserem Stil passt, sondern ein Outfit zu finden, das auch zu der Position passt, die wir verkörpern möchten. Und so schlagen wir zwei Fliegen mit einer Klappe: Wir sehen gut aus und fühlen uns selbstsicher und authentisch.

Vorstellung und Small Talk mit verschiedenen Typen

Inhaltlich geht es in der Begrüßungsphase im Wesentlichen um zwei Dinge: die gegenseitige Vorstellung (falls wir uns noch nicht kennen) und das „Beschnuppern", um sich aufeinander einzustellen. Über den Small Talk, und sei er auch noch so kurz, entwickeln wir die Atmosphäre des aktuellen Kontaktes und bauen Vertrauen auf. Ähnlichkeiten in Bezug auf die Sprechgeschwindigkeit, die Körpersprache, das Sprachniveau, die Stimmung, vielleicht sogar die Stimmqualität und Meinungen, vor allem jedoch die Ausrichtung auf mögliche Kooperationsbereiche sorgen für Sympathie. Geben Sie Ihrem Gegenüber ein gutes Gefühl, zeigen Sie Interesse und strahlen Sie Wohlwollen aus.

Bedanken Sie sich nicht für einen Termin, sondern drücken Sie Ihre Freude darüber aus. Wer sagt: „Danke, dass

Begegnen Sie dem anderen auf Augenhöhe. Danken Sie ihm nicht dafür, dass er sich Zeit für Sie nimmt.

Sie sich für mich Zeit genommen haben", drückt damit aus, dass er die Zeit des Gesprächspartners für wertvoller hält als die eigene. Aber auch, dass er als Bettler gekommen ist und sich vom Gegenüber etwas erhofft. Der Partner fühlt sich augenblicklich erhöht und blickt von da zwangsläufig auf uns herab. Vielleicht bekommt er in diesem Moment sogar erstmals leichte Zweifel, ob sich dieser Termin für ihn überhaupt lohnt oder er nicht nur seine Zeit verschwendet. Bedanken Sie sich für einen guten Tipp, für die Tasse Kaffee, für ein ehrliches Feedback, für das entgegengebrachte Vertrauen oder die gute Zusammenarbeit – denn das findet alles auf Augenhöhe statt. Aber nicht für die Zeit, wenn Sie exakt die gleiche Zeit investieren!

Bei einem Treffen auf Augenhöhe ist die Zeit beider Partner gleich wertvoll – unabhängig von der jeweiligen Hierarchieebene. Jeder Mensch ist wundervoll, macht seinen Job und ist gleich viel wert. Duckmäusertum, Unterwürfigkeit vor Höhergestellten oder Herumschleimen ist daher vollkommen unter unserer Würde, und selbst wenn wir als Schuhputzerin vor dem Dalai Lama stehen würden. Wahrhaftige Begegnungen finden immer zwischen zwei Menschenwesen statt und nicht zwischen zwei Positionen oder Titeln. Statt sich also dafür zu bedanken, dass unser Gesprächspartner die Güte hat, sich für uns Zeit zu nehmen, klingt es doch ebenso freundlich und deutlich mehr auf Augenhöhe, wenn wir sagen: *„Schön, dass es endlich mit einem persönlichen Termin zwischen uns geklappt hat!"* oder *„Ich freue mich, Sie zu sehen, Herr Müller-Lüdenscheid, wie geht's Ihnen?"* oder *„Es freut mich sehr, Sie endlich persönlich kennenzulernen, Frau Müller-Lüdenscheid. Hatten Sie eine gute Reise?"*

Nicht zu unterschätzen ist die Wahl des Besprechungsortes. Wenn Sie die Möglichkeit haben, so laden Sie Ihren Gesprächspartner zu sich ins Büro ein, statt in seines zu gehen. Jeder fühlt sich an seinem Arbeitsplatz sicherer als als Gast beim anderen. Vor allem bei einem dominanten Gegenüber kann unser Heimvorteil ein Pluspunkt sein, der sich mäßigend auf dessen Auftreten auswirkt und uns so hilft, uns auf Augenhöhe zu begegnen. Der Schreibtisch wirkt psychologisch als Barrikade zwischen den Gesprächspartnern, verstärkt noch vom Chefsessel auf der einen und dem Büßerbänkchen auf der anderen Seite.

Sofern es eine Besprechungsgruppe gibt, ist dieser unbedingt den Vorzug zu geben.

Vorsicht vor dem „Weibchen-Bonus"! Vor allem junge Frauen treten Männern gegenüber aus Unsicherheit oft mit hoher Piepsstimme und charmantem, nach oben aufblickenden Lächeln auf nach dem Motto: Bin ich nicht süß? Dieses Verhalten soll den Beschützerinstinkt des väterlich-dominanten Gegenübers wecken, hat jedoch den enormen Nachteil, dass wir im besten Fall wohlwollend belächelt und geschont, doch nie mehr ernst genommen werden. Besinnen Sie sich auf die Rolle, die Sie auf diesem Spielfeld spielen wollen – und ob die Ihrer inneren Königin angemessen ist.

> **Vorsicht vor dem Weibchen-Bonus! Wer ihn einsetzt, wird nie mehr ernst genommen.**

Geheimnis Nr. 17
Erfolgreiche Frauen wissen, dass sie am erfolgreichsten sind, wenn sie schlicht und einfach sie selbst sind.

Wir gehen grundsätzlich positiv in jedes Gespräch und erwarten von unserem Gesprächspartner konstruktives Mitwirken. Mit dem Wissen über die verschiedenen Persönlichkeitsypen gehen wir in den Termin und finden hier heraus, um wen es sich bei unserem Gegenüber handelt.

Seien Sie dabei immer wieder aufs Neue offen und wachsam, flexibel und freundlich. Jeder der Typen ist hinter seinen Stärken und Schwächen ganz einfach ein Mensch mit Sehnsüchten und individuellen Ängsten. Wenn im Folgenden der Einfachheit halber oft von „der Typ" und „er" gesprochen wird, ist wieder der Persönlichkeitstyp gemeint, unabhängig vom Geschlecht. Selbstverständlich beziehen sich sämtliche Infos ebenso auf Ihre Gesprächspartnerinnen.

Begrüßungsphase mit einem dominanten Typ Den dominanten Typ erkennt man an der Eile und Direktheit, mit der er das Gespräch in die Hand nimmt und sofort auf den Punkt kommt. Apropos Hand. Der Handschlag eines Dominanten ist auffallend kräftig und kann richtig wehtun. Da sollten wir schmerzfrei dagegenhalten können – zeigen Sie, dass auch Sie Pep haben: Drücken Sie

Ziehen Sie vorher die Ringe an der rechten Hand aus – der Dominante drückt beim Handschlag fest zu!

zu, kurz, aber knackig. Es ist das erste Kräftemessen, der Austausch von Gemeinsamkeiten. Ein Dominanter mag keine Weicheier und auch keine Hand, die wie ein Waschlappen in seiner liegt.

Das Büro eines Dominanten ist meist ausgestattet mit schwarzen Ledersesseln, Umsatzkurven an der Wand, Pokalen im Regal – alles Insignien der Macht und des Erfolgs.

Ein Dominanter steht auf gefährlich klingende Titel auf seiner Visitenkarte, auf teure, außergewöhnliche Autos, edle Uhren und ist hochwertig gekleidet – und genau das beeindruckt ihn auch bei anderen.

Small Talk findet mit diesen Persönlichkeitstypen am besten innerhalb eines Satzes oder Nebensatzes statt, nicht länger. Am leichtesten erfreuen wir ihn mit einer anerkennenden Äußerung und indem wir ihm signalisieren, dass er es mit einem fähigen, selbstbewussten Kooperationspartner zu tun hat, der ihm kompetent hilft, spektakulär effektiv seine Ziele zu erreichen. *„Hallo, Frau Müller-Lüdenscheid, oh, ist das eine Uhr von Cartier? Darf ich mal sehn? Sehr schön, passt zu Ihnen. Aber fangen wir an!"* Oder *„Guten Tag, Herr Müller-Lüdenscheid. Was ist das für eine Siegerurkunde an der Wand?"* „..." *„Respekt! Aber lassen Sie uns anfangen, Zeit ist Geld."*

Gehen Sie davon aus, dass der Dominante gnadenlos bluffen wird, wenn es in die Verhandlung geht. Er verunsichert seine Gesprächspartner gern, um sich selbst sicher zu fühlen. Das ist aber nicht böse gemeint. Gern signalisiert er über Körpersprache und mit teilweise fast überheblichen Formulierungen seine Machtposition oder auch, indem er uns – mehr oder weniger charmant – lächerlich macht und uns ins Wort fällt.

Bleiben Sie immer freundlich auf Augenhöhe und nehmen Sie seine Versuche, Sie einzuschüchtern oder durch
Machtgehabe zu beeindrucken, entspannt und unbeirrt
zur Kenntnis. Ignorieren Sie, vielleicht humorvoll, seine
spitzen Bemerkungen und kommen Sie zügig zum Thema.
Durchschauen Sie das Spiel und fahren Sie Ihre Antennen
zu dem Menschen hinter der Maske aus. Nehmen Sie seine
Verletzlichkeit wahr. Jede/r von uns hat sie. Sie ist etwas
Ehrliches, zutiefst Menschliches. Je mehr jemand sie versteckt, umso größer ist seine Angst davor. Die größte Angst
vor seiner eigenen Empfindsamkeit hat der Dominante,
deswegen hat er die Rolle des coolen Helden auch so früh-
zeitig geübt und perfektioniert. Er versteckt seine Verletzlichkeit meist sogar vor sich selbst. Daher dürfen wir mit
ihm/ihr mitfühlen, nicht verächtlich, sondern mit dem
Herzen. Er/sie braucht die Anerkennung anderer wie die
Luft zum Atmen – also geben wir sie ihm/ihr. Nicht aus
Angst vor Sanktionen, sondern aus purer Freundlichkeit,
aus Mitgefühl und Großzügigkeit. Aber auch, weil er es
verdient hat, denn die dominanten Typen leisten aufgrund
ihres enormen Ehrgeizes und Engagements auch wirklich
nahezu Übermenschliches.

Geheimnis Nr. 18
Königinnen fürchten sich nicht vor den Stärken und Zielen
ihres Gesprächspartners, sie nutzen sie.

Als Königin kämpfen wir nicht gegen unseren zukünftigen Kooperationspartner, sondern wir verbünden uns mit ihm, loben ihn für das, was wir uns an ihm wünschen. Das wird seine Bemühungen verstärken, so zu werden. Die Anerkennung eines Gegenübers, das ängstlich oder unterwürfig auftritt, freut den Dominanten natürlich weniger als die von einem ebenbürtigen Kaliber. Also tun Sie ihm/ihr und sich selbst den Gefallen, ebenbürtig aufzutreten. Es ist quasi unser Willkommensgeschenk als Königin. Lächeln Sie und zeigen Sie sich als selbstbewusste Frau. Unter Männern würde ein Dominanter so viel Selbstbewusstsein vielleicht als Herausforderung zum Duell werten, kommt ihm dagegen eine Frau so selbstbewusst, wird ihn das positiv überraschen und ihm imponieren. Und das ist gut so.

Beim Dominanten sollten Sie daher auf keinen Fall Ihre Position, Aufgabe und Ihre visionäre Ausrichtung unter den Scheffel stellen. Machen Sie das absolut Beste draus, das nur irgend möglich ist. Hier kommt Ihr aufgestylter Satz über sich (und Ihr Unternehmen) voll zur Geltung. Sprechen Sie ihn deutlich und selbstsicher, nicht schnell und hingehaspelt, und halten Sie dabei Augenkontakt. Lächeln und nicken Sie ab und zu – aber grinsen Sie den Dominanten nicht nieder, denn es gehört nicht zu

> **Beim Dominanten punkten Sie mit zügiger Arbeitsweise mehr als mit einem Lächeln.**

seinen Prioritäten, gemocht zu werden. Er lächelt selbst selten – seine Priorität ist es, möglichst schnell herauszufinden, ob das Gespräch mit Ihnen ihm dabei behilflich ist, sein Ziel zu erreichen. Und darauf sollte auch unser Fokus liegen: schnell und effektiv zu sein.

Verhalten Sie sich von Anfang an so, als hätten Sie Ihr Ziel schon erreicht, als sei es nur noch reine Formsache. Falls Sie das Reich eines/r Dominanten betreten haben, dann lassen Sie sich einen Platz zuweisen und warten Sie, bis sich Ihr Gesprächspartner ebenfalls hinsetzt, bevor Sie sich setzen. Nichts ist schlimmer, als im Sitzen von unten nach oben zu Ihrem noch stehenden Dominanten hinaufzuschauen. Das hat eine verheerende Wirkung auf Ihre Psyche. Achten Sie also unter allen Umständen von Anfang an darauf, psychisch wie körperlich auf Augenhöhe zu bleiben. Das betrifft auch die Lautstärke, mit der gesprochen wird, ebenso wie die Geschwindigkeit und das Sprachniveau. Alles, was insgesamt länger als 15 Minuten dauert, wird die Geduld des Dominanten überbeanspruchen – es sei denn, das Gespräch ist von Anfang an mit einem größeren Zeitrahmen geplant. Lieber kurz und dafür öfter als lang und selten. Inhaltlich zählen Fakten und der Reiz des Neuen, Spektakulären – sonst nichts. Vom Dominanten können wir viel für unser Königinnen-Auftreten lernen und es dann in unseren Stil integrieren.

Begrüßungsphase mit einem initiativen Typ Ganz anders verläuft die erste Phase mit dem Initiativen. Sie erkennen diesen Typ daran, dass er sympathisch, humorvoll und offen ist – und meist zu spät kommt. Das Wichtigste ist für ihn das Gefühl, gemocht zu werden, und dass eine Zusammenarbeit mit uns voraussichtlich gut gelaunt und stressfrei möglich ist. Manche seiner Unzuverlässigkeiten dienen daher auch einem unbewussten Test, wie wir damit umgehen können. Wir sollten ihm/ihr wegen der Verspätung oder anderen Vergesslichkeiten kein schlechtes Gewissen machen, wenn wir Vertrauen aufbauen wollen. Sein Verhalten ist weder böse gemeint noch persönlich zu nehmen – er kann nicht anders.

Lächeln, lächeln und nochmals lächeln heißt hier die Devise; zur Abwechslung darf auch mal gelacht werden. Wenn der Initiative Sie anstrahlt und Sie nicht zurücklächeln, haben Sie seine Zuneigung verspielt – und damit wohl auch die Gelegenheit, mit ihm zu kooperieren. Es wirkt auf Ihr initiatives Gegenüber entspannend und sympathisch, wenn Sie auch nicht allzu pünktlich oder gar vor der Zeit eintreffen (absolutes No-go für einen Initiativen!) und das Leben und ihn mit Humor nehmen. Der kontaktstarke Kreativling gibt uns die Gelegenheit, uns mit dem Unvorhersehbaren im Leben zu entspannen und

> **Die Devise hier heißt lächeln, lächeln, lächeln und zur Abwechslung auch mal lachen.**

den kosmischen Humor hinter allem zu erkennen. Eine wirklich sinnvolle Übung!

In seinem/ihrem Büro sieht es leger bis chaotisch aus. Der Initiative fragt uns nach persönlichen Dingen wie Urlaub, Gesundheit, Hobby und wird uns kaum Gelegenheit geben, wirklich zu antworten, denn er/sie spricht selbst gern und viel. Über alles Mögliche – und nicht notwendigerweise über das Thema des Treffens. Die Begrüßungsphase mit einem Initiativen kann die Hälfte der Zeit oder länger dauern. Das macht aber nichts, denn wenn es uns gelungen ist, einen freundschaftlichen Draht herzustellen, dann ist er uns grundsätzlich gewogen. Und der Initiative entscheidet nach Sympathie.

In der Begrüßungsphase können Sie ihm, auch wenn Sie sich kaum kennen, freundschaftlich begegnen. *„Hallo, Frau Müller-Lüdenscheid, das ist ja super, dass unser Termin geklappt hat! Ich freue mich, Sie zu sehen. Wie geht's, alles im grünen Bereich?"* Strahlen und lächeln Sie, was das Zeug hält! Geschlossene Fragen sind beim Initiativen kein Beinbruch. Sie können ruhig ein bisschen mehr und auch Persönliches fragen und auch von sich erzählen, damit der/die Initiative Sie als Mensch kennenlernt. Hören Sie umgekehrt gut zu. Initiative Männer sind im Kontakt mit Frauen Flirtkönige. Wenn Sie damit umgehen können, dann spielen Sie charmant damit, nehmen es aber nicht allzu ernst.

Die Initiativen kommen uns von Natur aus gern nah und berühren auch im beruflichen Umfeld die Menschen, die sie mögen. Wundern Sie sich nicht, wenn er/sie Ihnen so ganz nebenbei mal an die Schulter oder den Arm greift, beim Begrüßen eine Umarmung andeutet oder Ihnen herzlich auf den Rücken klopft. Das ist keine sexuelle Annäherung, sondern eine reine Sympathiekundgebung. Durch seine feinen Antennen nimmt der Initiative jedoch durchaus wahr, ob Sie so was mögen oder nicht, und passt sich dann spontan an. Wenn Sie mit der herzlichen Wesensart des Initiativen gut umgehen können, dann kommen Sie ihm doch auf halbem Weg entgegen – mit Leichtigkeit, Wärme, Herzlichkeit und Lachen.

Begrüßungsphase mit einem stetigen Typ Beim Stetigen ist die Begrüßung zwar auch freundlich, doch ist er dabei wesentlich diskreter, ruhiger und leiser. Hier ist es meist umgekehrt wie beim Initiativen: Er fragt und Sie dürfen reden. Der Stetige hält sich selbst gern zurück und bildet sich in Ruhe ein Urteil, mit wem er es zu tun hat. Dabei ist ihm das Menschliche wichtig, denn er möchte einschätzen können, inwieweit wir vertrauenswürdig sind. Er mag Menschen, die freundlich, ruhig und zuverlässig sind – wie er selbst. Er entscheidet nach seinem Bauchgefühl und ihm ist bei allem, was wir vorschlagen, wichtig, dass für das gesamte Team eine gute Lösung gefunden wird. Da ihm Großspurigkeit und schrille Töne zuwider sind, sollten wir bei der Vorstellung und Selbstdarstellung zwar unsere Position und Aufgabe nennen, doch eher im Nebensatz – hier kommt bescheidenes Auftreten besser an.

Die Stetigen sind in der Begrüßungsphase höflich, sympathisch, jedoch schwer einzuschätzen, weil sie sich wie ein Chamäleon anpassen. Sie lieben Ruhe und Harmonie über alles, lassen sich ungern unter Zeitdruck oder Zugzwang bringen. Mit herzlicher Sanftheit treffen wir am besten ihren Ton. Das Büro des Stetigen ist meist ziemlich aufgeräumt. Kleidung und Büroeinrichtung ist auf dezente Weise ästhetisch, doch leger und menschlich, etwa mit Pflanzen und Familienfotos ausgestattet. Beim Kennenlernen spricht dieser Typ (wenn er schon reden muss) lieber kurz über seine Familie oder gemeinsame Bekannte als über seine beruflichen Erfolge, die sind ihm fast peinlich – so ungern steht er im Vordergrund. Dennoch tut ihm Anerkennung gut, wenn sie so kurz und ganz nebenbei rüberkommt, dass er nicht darauf reagieren muss. Sprechen Sie ihn daher immer auf der persönlichen Schiene an. *„Hallo, Frau Müller-Lüdenscheid, schön, Sie zu sehen. Na, wie geht's Ihnen so?"* Lächeln kommt beim Stetigen immer gut an.

> **Dem ruhigen, höflichen Stetigen begegnen Sie am besten mit herzlicher Sanftheit.**

Mit seinem stillen Auftreten, dem Abwiegeln von Komplimenten und seinem konsequenten Understatement ist der Stetige der Gegenpol zum Dominanten – die beiden haben es daher meist nicht leicht miteinander. Spricht der Dominante von seinen Erfolgen, empfindet ihn der Stetige als arrogant. Umgekehrt hält der Dominante den Stetigen für einen feigen Mitläufer, dem er nicht sehr viel zutraut. Tatsächlich wird der lieber im Hintergrund sitzende Stetige leicht unterschätzt. Er kann jedoch ein sehr fähiger, fleißiger, loyaler und treuer Kunde, Kollege, Mitarbeiter oder Chef sein, der hält, was er verspricht. Daher überlegt er es sich auch sehr gut, bevor er Zusagen macht, und das sollten wir auch tun. Das Vertrauen des Stetigen muss mit der Zeit wachsen – und das tut es durch beharrliche Freundlichkeit und kollegiales Benehmen ihm gegenüber. Lob unter vier Augen wärmt seine Seele.

Begrüßungsphase mit einem gewissenhaften Typ   Den Gewissenhaften erkennt man an der absolut korrekten Kleidung ohne Fusseln oder Knitterfalten und am perfekt aufgeräumten Schreibtisch. Er/sie ist der klassische Zahlen-Daten-Fakten-Typ und wirkt immer etwas kühl und distanziert. Pünktlichkeit, Exaktheit und Seriosität sind sein Markenzeichen und darauf sollten wir ebenfalls achten. Hier ist es durchaus angebracht, bereits zehn Minuten vor dem Termin vor Ort zu sein.

Der Gewissenhafte braucht einen Mindestabstand, um sich wohlzufühlen – halten Sie also bei fremden Personen dieses Typs lieber eineinhalb Meter Abstand, statt ihnen zu sehr auf die Pelle zu rücken oder sie gar mit Witzchen zu quälen. Die Wahrscheinlichkeit, dass er darüber lacht, liegt bei unter 5 Prozent. Dafür ist die Einhaltung von Benimmregeln bei ihm ein Muss. Er nimmt alles sehr ernst und hasst das Risiko und alles Leichtfertige – der Initiative ist daher sein natürlicher Gegenpol. Da der Gewissenhafte alles ganz genau anschaut, sollten unsere Unterlagen möglichst perfekt vorbereitet sein, denn wenn auch nur ein Druckfehler darin enthalten ist, wird er ihn sofort bemerken und sich daran stören. Er liebt übrigens ausführliche Unterlagen in Tabellenform.

Freundliches Blabla liegt dem Gewissenhaften gar nicht. Er fasst sich lieber kurz. Daher sollten Sie Ihre Selbstdarstellung ebenso sachlich, knapp und ernst halten, etwa so: „*Guten Tag, Herr Müller-Lüdenscheid, ich habe letzte Woche Ihre vergleichende Analyse der Finanzierungsmodelle für unser neues Projekt durchgesehen – sehr gute Arbeit. Lassen Sie uns gleich anfangen.*" Die größten Probleme, sich an diesen Gesprächspartner anzugleichen, hat der Initiative.

Sachlich, knapp, seriös, ernst: So mag es der Gewissenhafte.

Der konservative Gewissenhafte sucht bei Entscheidungen nach Bekanntem, Abgesichertem. Aufgrund seiner sehr kritischen Haltung neigt er zu Besorgnis und Kniefieslei, ohne es wirklich böse zu meinen. Er will nur einfach keinen Fehler machen und entscheidet rein sachlich und logisch. Emotionen hält er im Berufsleben für komplett überflüssig. Deswegen hat er sich immer im Griff und erwartet das auch von anderen.

Wenn Sie sich etwa zu Beginn eines Bewerbungsgesprächs über Ihren Werdegang äußern, sollten Sie immer exakte Beispiele dafür nennen und diese auch mithilfe Ihrer Unterlagen nachweisen können. Rechnen Sie damit, dass der Gewissenhafte das Gesagte ziemlich wörtlich nimmt, nachprüft, eher wenig spricht, kaum lächelt und extrem genau ist.

Was sonst noch wichtig ist

Small Talk liegt nicht jedem. Es kommt immer stark darauf an, mit welchem Persönlichkeitstyp wir es zu tun haben. Wer schon weiß, dass er es mit einem Dominanten zu tun hat, kann sich den Small Talk fast schenken. Wer es jedoch noch nicht weiß, kann es gerade hierbei herausfinden – denn der Dominante wird wahrscheinlich als einziger Typ den Versuch, freundliche Belanglosigkeiten auszutauschen, umgehend zunichtemachen.

Für alle Typen gilt: Achten Sie neben dem passenden Inhalt auch auf Ihre Tonhöhe und sprechen Sie möglichst ruhig und tief. Damit werden Sie viel ernster genommen, als wenn Sie hektisch und mit einer hohen, piepsigen Stimmlage sprechen und dabei noch herumfuchteln.

Der Sinn der Begrüßungsphase liegt darin, Vertrauen aufzubauen. Deswegen suchen wir nach Gemeinsamkeiten und Ähnlichkeiten, die die Zusammenarbeit tragen könnten. Auch wenn unser Gegenüber sich nicht besonders sympathisch präsentiert oder sich gar schlichtweg danebenbenimmt, sollten wir mit ehrlichem Mitgefühl und Respekt vor seinem Anderssein auf Augenhöhe agieren.

Auch wenn Ihr Gegenüber sich danebenbenimmt, begegnen Sie ihm mit Mitgefühl und Respekt.

Der Gesprächspartner wirkt gereizt? Indem wir uns selbst Gereiztheit verzeihen können, haben wir auch Verständnis, wenn es dem anderen gerade so geht. Der Gesprächspartner tritt arrogant auf? Fühlen Sie die versteckte Angst dahinter, nicht bemerkt, nicht geachtet und respektiert zu werden – und dann werden Sie weich und schenken ihm/ihr Ihre Anerkennung und Ihr Wohlwollen. Das Gegenüber attackiert Sie verbal? Offenbar steht er/sie unter extremem Druck oder hat große Angst, sonst würde er nicht angreifen. Bleiben Sie weich und verletzlich und finden Sie freundlich heraus, was ihn/sie so beunruhigt.

> **Geheimnis Nr. 19**
> Als Vollprofi nimmt die erfolgreiche Frau das Verhalten ihres Gesprächspartners niemals persönlich; sie weiß, es hat in erster Linie mit ihm selbst zu tun.

Bei einem Vortrag oder einer Präsentation

Wenn Sie eine Präsentation oder einen Vortrag halten, so dient die Begrüßungsphase ebenfalls dazu, Vertrauen aufzubauen und den Kontakt mit Ihren Zuhörern herzustellen, nur eben einseitiger. Atmen Sie tief ein und aus und stehen Sie ruhig auf beiden Beinen vor Ihrem Publikum. Lassen Sie schweigend Ihren Blick etwa 30 Sekunden lang von einem zum anderen wandern, bis es mucksmäuschenstill wird und alle Sie ansehen. Beginnen Sie zu sprechen, wenn alle leise sind – es geschieht von ganz allein, wenn Sie die Nerven dafür haben und warten können. Die Teilnehmer schubsen sich irgendwann gegenseitig an, wenn jemand tatsächlich noch nicht gemerkt hat, dass jetzt Sie, die Königin, dort vorne stehen und auf die Ihnen angemessene Aufmerksamkeit warten.

Eine persönliche Vorstellung zu Beginn eines Vortrags langweilt die Zuhörer praktisch umgehend. Wenn Sie es dennoch tun wollen, dann bitte innerhalb von 30 Sekunden und ohne Understatement. Lassen Sie eine Erläuterung Ihres

Werdegangs lieber weg, konzentrieren Sie sich stattdessen auf die Nennung der Aspekte, die Sie für genau diesen Vortrag qualifizieren, und dann kommen Sie so schnell wie möglich zum Thema. Je nach Teilnehmertypen beginnt man entweder mit einem kleinen Scherz, bei dem das Eis schmilzt, oder direkt mit rhetorischen Fragen, die sofort das Inte-

Beginnen Sie mit einem kleinen Scherz oder mit rhetorischen Fragen.

resse wecken, etwa: *„Wie können wir in Zeiten der Wirtschaftskrise ein stabiles Umsatzplus erreichen? (Pause) Wie binden wir bestehende Kunden ans Unternehmen und wie finden wir neue? (Pause) Und was kann jeder Einzelne dafür tun, ohne im Tagesgeschäft unter zusätzlicher Belastung zusammenzubrechen? (Angedeutetes Grinsen) Diese und ähnliche Fragen werden uns in der folgenden Präsentation beschäftigen."* Überlegen Sie sich, wozu Ihre Zuhörer innerlich Ja sagen können – mit solchen Statements können Sie beginnen. Mit einer Anekdote zum Thema oder einem Lob. Auf keinen Fall mit einer Entschuldigung und indem Sie sich selbst kleinmachen. Achten Sie von Anfang an darauf, den Ton und das Interesse Ihrer Zuhörer zu treffen. Belehren Sie nicht, sondern sprechen Sie kollegial in der Wir-Form.

Haben Sie es mit Vertriebsleuten zu tun, so können Sie davon ausgehen, dass es sich dabei überwiegend um Initiative handelt und ein lockerer, umgangssprachlicher Ton angemessen ist. Stehen Sie vor einer Gruppe von Bankangestellten, so sind dies meist Gewissenhafte und Stetige. Hier treffen Sie mit einem seriösen Ton ins Schwarze.

Die Körpersprache – ein unterschätztes Machtinstrument

Macht empfinden viele Frauen als hässliches Wort. Es klingt nach Unterdrückung und Gewalt, nach Kälte und Herrschsucht, nach Rücksichtslosigkeit und Egoismus – mit einem Wort: nach Machtmissbrauch. Macht und Macht-missbrauch klingt fast identisch, obwohl es Gegensätze sind. Missbrauch ist das Hässliche, von dem wir uns inner-lich distanzieren und abwenden. Macht ist etwas Positives. Macht bedeutet, große Möglichkeiten zu haben und diese konstruktiv einzusetzen.

Männer stehen auf Macht, viele Frauen haben unbewusst Angst davor: Angst, Macht zu haben und dafür angefein-det zu werden – einsam zu sein. Dann lieber gemeinsam hilflos? Wir haben Angst, uns zwischen Macht und der Sympathie anderer entscheiden zu müssen, aber auch vor Personen, die Macht über uns haben und diese Macht uns gegenüber ausnutzen. Macht ohne Liebe, davor fürchten wir uns – zu Recht. Doch Macht in Verbindung mit Liebe ist nichts anderes als freie, konstruktive, kreative Möglich-keit, das Leben zu gestalten, zum Wohle des Ganzen. Von dieser Macht ist hier die Rede. Sie liegt uns Frauen, denn wir sind von Natur aus auf das Verbindende ausgerichtet. Dieser Art von Macht gehört die Zukunft.

Die Körpersprache ist ein sehr effektives Machtmittel. Weil sie direkt zu unserem Unterbewusstsein und dem der anderen spricht und dort ihre Wirkung entfaltet, ebenso unauffällig wie kraftvoll. Mit der Sprache unseres Körpers bewusst zu arbeiten ist eine fortgeschrittene Technik, denn es erfordert einen Teil unserer Aufmerksamkeit, den wir von anderen Aspekten der Kommunikation abziehen müssen. Das ist echtes Multitasking.

Jeder weiß, dass beispielsweise verschränkte Arme und überkreuzte Beine oftmals Verschlossenheit zum Ausdruck bringen. Dass über den Blickkontakt meist Verbindung und Offenheit gezeigt wird. Doch selbst wenn es meistens so ist, so kann es eben doch im speziellen Fall auch etwas ganz anderes bedeuten. Manchmal verschränken wir unsere Arme nur, weil uns gerade fröstelt

Bedeuten überkreuzte Beine Ablehnung oder schlicht, dass man auf die Toilette muss?

oder weil wir damit unseren leichten „Rettungsring" über dem Gürtel verdecken können. Vielleicht überkreuzen wir die Beine auch, weil wir schlicht auf die Toilette müssen. Würde ein in Körpersprache bewanderter Gesprächspartner da Abweisung hineindeuten, läge er ziemlich daneben. Deswegen kommt man mehr und mehr davon ab, die Körpersprache zu deuten. Aktueller denn je ist es jedoch, sie zu nutzen.

Wie so oft ist das Motiv entscheidend, wozu wir etwas tun. Arbeiten wir mit unserer Körpersprache, um den Gesprächspartner über den Tisch zu ziehen, um ihn/sie rücksichtslos für unsere egoistischen Ziele zu manipulieren oder vielmehr, um auf der tiefsten Ebene unserer Begegnung Verständnis und den Sinn für Gemeinsamkeiten aufzubauen?

Wie beim Handwerkszeug entscheidet auch beim sprachlichen Werkzeug derjenige, der es benutzt, ob das Ergebnis ethisch oder gewaltsam ist. Mit einem Hammer können wir ein Bild aufhängen oder dem bösen Nachbarn eins auf die Mütze hauen – es liegt bei uns. Ausgehend von dem Wissen, dass Liebe und Dankbarkeit die schönsten Gefühle sind, übe ich täglich, menschenfreundlich damit umzugehen, denn dann fühle ich mich so viel besser, als wenn ich es als Trick benutze, um den anderen zu etwas zu nötigen, das er vielleicht gar nicht will. Denn das ist Gewalt, auch wenn sie noch so subtil ist.

Natürlich müssen wir nicht jeden Kollegen, Mitarbeiter, Chef und Kunden uneigennützig lieben und ihm dankbar sein. Hier geht es vielmehr um eine allgemeine Menschenliebe, eine soziale, kooperative Grundeinstellung, die

Fähigkeit, mit anderen mitzufühlen – mit anderen Worten: über den eigenen Tellerrand hinauszusehen und ehrliche, wohlwollende Toleranz und Anerkennung zu üben. Dieses tiefe Gefühl wird normalerweise intuitiv über den Körper ausgedrückt – oder eben nicht. Und verströmt von da seine kraftvolle und doch meist im Unterbewusstsein stattfindende Wirkung.

Die Wissenschaft hat zweifelsfrei herausgefunden, dass Menschen, die sich sympathisch sind, sich in ihrer Körpersprache innerhalb kürzester Zeit angleichen. Das heißt, sie sitzen, stehen, laufen spiegelverkehrt vor- bzw. nebeneinander, sie trinken gleichzeitig, rauchen möglicherweise gleichzeitig, lächeln oder lachen gleichzeitig, atmen sogar im gleichen Rhythmus, lehnen sich vor oder zurück – wie in einem unbewussten, wunderschönen Tanz.

Menschen, die sich mögen, gleichen sich in ihrer Körpersprache an.

Menschen hingegen, die kaum Ähnlichkeiten wahrnehmen, mögen sich nicht – und das zeigt sich in einer anderen, asymmetrischen Körperhaltung, anderem Sprechtempo, anderer Tonhöhe, abweichender Sprechgeschwindigkeit, anderer Lautstärke, Mimik und Gestik. Einer lächelt – der andere nicht. Einer hält Augenkontakt – der andere schaut weg. Einer erzählt einen Witz – keiner lacht. Je mehr Differenzen vorhanden sind, umso stärker die empfundene

Ablehnung oder Verunsicherung. Das geschieht vollkommen unabhängig vom Inhalt des Gesprächs, von Hierarchie und Position – und eine ganz Weile lang vollkommen unbewusst.

Das Gegenüber spiegeln   Da unser Körper diesen „Tanz der Sympathie" automatisch ausführt, wird es erst in der Begegnung mit jemandem, der uns unangenehm ist, so richtig interessant. Wann immer Sie das Bedürfnis haben, Ihren Gesprächspartner noch besser verstehen zu können, die Vertrauensbasis trotz empfundener Differenzen zu stärken, sich noch mehr seiner Welt zu öffnen, um die Zusammenarbeit zu optimieren, könnten Sie ab jetzt Ihre Aufmerksamkeit auf seine Körperhaltung und Sprache lenken und diese für die Zeit des Kontaktes selbst übernehmen. Tagtäglich tut es unser Körper, ohne dass wir es bemerken – warum es nicht einmal absichtlich tun?

Daraus entsteht ein enormer Zuwachs an Information. Wie fühlt man sich, wenn man so dasitzt wie dieses Gegenüber? Wie ist es eigentlich, auf diese Weise dazustehen, den Kopf zu halten oder in dieser Lautstärke zu sprechen? Wie fühlt sich der Körper an, wenn ich genauso schnell atme, genauso oft blinzle, mit dem Fuß wippe? Was für eine Stimmung entsteht in mir, wenn ich dieselbe Sitzposition, Beinhaltung einnehme? Oder gar wertfrei ausprobiere, mich für einen Moment innerlich auf die von dort drüben geäußerte Ansicht einzulassen, als wäre es meine eigene Erfahrung? Wie sieht die Welt aus – von diesem Blickwinkel, wie fühlt sich das Leben an? Haben wir den Mut, es auszuprobieren? Manche Haltung ist uns so fremd, dass sie uns schwerfällt. Haben Sie Lust, Ihre eigenen Vorstellungen zu hinterfragen? Den Wert dessen, was Sie sonst abwerten würden, herauszufiltern und gelten zu lassen?

Wie sieht die Welt aus vom Blickwinkel des anderen, wie fühlt sich das Leben an? Probieren Sie es aus!

Die Körper- und Geisteshaltung zu spiegeln wirkt in zwei Richtungen – nach innen und außen. In uns selbst entsteht ein Abbild der gefühlten Körperwahrnehmung des anderen, wir tauchen damit buchstäblich in seine/ihre Welt ein und können diese erkunden. Es geht hier nicht darum, Recht zu haben. Jeder hat seine Gründe, seine Geschichte, seine Vergangenheit und seine Erfahrungen, die zu diesem speziellen Moment in dieser Gefühlsqualität und zu dieser Ansicht geführt haben. Wir auch. Jeder hat Recht – in seiner eigenen Welt. Denn es ist immer auf die ganz individuelle Weise logisch – und doch nicht ausschließlich, denn es stimmt ja auch alles andere.

Das Spiegeln ist die Tür zum tieferen Verständnis eines anderen und damit eine fantastische Möglichkeit, Gemeinsamkeiten herauszufinden, von anderen zu profitieren, neue Erkenntnisse zu sammeln und freundschaftlich zu kooperieren. Nach außen wirkt dieses Spiegeln ebenso kraftvoll und dabei komplett unbewusst: Unser Gesprächspartner nimmt die gleiche Körperhaltung, den Gleichklang der Sprache wahr und entspannt sich mit uns. Sein Unterbewusstsein stuft uns als Freund ein, er empfindet Ähnlichkeit und Sympathie, öffnet sich innerlich – und wird uns auf diese Weise tatsächlich ebenfalls sympathischer.

Wenn wir unseren Mitspieler spiegeln, entspannt und öffnet er sich – und wird uns dadurch sympathischer.

Das Spiegeln der Körperhaltung, insbesondere der Beinhaltung, hat für Frauen natürlich seine Grenzen. Nämlich dort, wo unser männlicher Gesprächspartner auf eine eindeutig „männliche" Weise sitzt oder steht. Etwa mit breit gespreizten Beinen, vielleicht kombiniert mit ausladender, dominanter Armhaltung auf der Rückenlehne seines Sessels. Unser Spiegeln übt nur so lange unauffällig im Unterbewusstsein des anderen seine Wirkung aus, wie wir uns innerhalb des gesellschaftlich üblichen Rahmens benehmen. Überschreiten wir jedoch ein Tabu, so tritt unser Verhalten plötzlich in das Bewusstsein des anderen. Doch jetzt wirkt es emotional sehr irritierend auf ihn, es schockiert, brüskiert, provoziert ihn. Die sanfte und heimliche Methode ist also die, mit der wir innerhalb der Grenzen bleiben, die gesellschaftlich üblich sind. Nimmt unser

Gegenüber also eine Position ein, die sich für Frauen nicht „schickt", dann spiegeln wir eben dezenter. Grundsätzlich ist darauf zu achten, dass wir beim Spiegeln nie übertreiben, denn sonst wirkt es wie ein absichtliches Verhöhnen. Körperhaltungen, die wir in Gesellschaft vielleicht nicht ausprobieren möchten oder können, können wir jedoch interessehalber zu Hause, wenn uns keiner sieht, austesten. In jeder Haltung ist ein bestimmtes Gefühl enthalten – finden Sie es im Selbstversuch heraus.

Das Spiegeln der Körpersprache ist im Grunde sehr einfach, wir müssen lediglich daran denken und dann wie nebenbei die entsprechende Haltung einnehmen. Nicht ruckartig, sondern genau wie sonst auch. Obwohl es so einfach ist, ist es sinnvoll, die Sache zu üben. Denn sonst wagen wir es „im Ernstfall" nicht, wir denken vielleicht nicht daran oder brauchen zu viel Aufmerksamkeit dafür. Probieren Sie es aus, wo immer Sie sind, auch im privaten Umfeld.

2. Phase:
Die Informationsphase – das Kennenlernen

Nach der Begrüßungsphase leiten wir in die Informationsphase über. Sie ist nicht dafür da, dem anderen Informationen zu geben, sondern welche von ihm zu bekommen.

Was könnte der Vorteil sein, wenn wir vor der eigentlichen Präsentation unserer Vorschläge oder unseres Berichtes den Gesprächspartner in Bezug auf seine Interessenlage möglichst gut einschätzen können? Es liegt auf der Hand: Wir können uns auf ihn ein- und unsere Präsentation und Argumentation auf ihn abstimmen.

Voraussetzung für eine effektive Infophase ist die gelungene Begrüßungsphase. Denn wenn wir nicht ein Mindestmaß an gegenseitigem Vertrauen aufbauen konnten, wird unser Gesprächspartner auch zögern, die ihm gestellten Fragen offen zu beantworten. Mit oberflächlichen, ausweichenden, knappen oder allzu vagen Antworten können wir jedoch nichts anfangen. Denn der Sinn der Informationsphase liegt darin, alle beteiligten Personen mit ihren Zielen und Prioritäten wirklich kennenzulernen.

Denken Sie nicht, Sie wüssten, was den anderen interessiert. Oft denken wir nur, dass wir es wissen. Und selbst wenn seine Antworten tatsächlich in jedem Punkt „nur" eine Bestätigung für uns wären, so haben unsere Fragen doch zu einer verbesserten Atmosphäre beigetragen, weil sich unser Gegenüber ernst genommen fühlt. Und das ist jedem Menschen ein Grundanliegen – selbst unserem Chef.

Geheimnis Nr. 20
Die erfolgreiche Frau ist mit Herz und Verstand an den Bedürfnissen ihres zukünftigen Kooperationspartners interessiert.

Manche glauben, Fragen zu stellen würde zeigen, dass man nicht Bescheid weiß, und dass es daher besser wäre, möglichst schlau daherzureden. Das Problem bei diesem Vorgehen ist, dass wir zwar aus unserer Sicht einen tollen Auftritt haben können, wir jedoch möglicherweise am Gegenüber und seiner aktuellen Situation komplett vorbeireden – und es nicht mal merken. Er/sie fühlt sich insgeheim schnell zugetextet, belabert und nicht am Prozess beteiligt. Für das Ergebnis wird er/sie sich dementsprechend wenig verantwortlich fühlen, keine Übereinstimmung empfinden und daher weder Energie dafür mobilisieren noch Begeisterung entwickeln können – es ist ja Ihr Ding, nicht seines. So gewinnen wir keine engagierten Mitstreiter. Je nach Persönlichkeitstyp und Hierarchieebene ernten wir höfliches Nicken oder Widerspruch, barsches Ins-Wort-Fallen oder einen Scherz, doch selten echte Motivation.

Vielleicht kennen Sie den Spruch „Wer fragt, der führt." Warum ist das so? Weil der andere durch eine Frage immer in Zugzwang kommt, antworten und auf uns reagieren muss. Mit unserer Frage bestimmen wir die Richtung seines Denkens, wir beschäftigen ihn mit einem von uns vorgegebenen Inhalt. Das hat in der Tat etwas mit Führung zu tun. Und zwar auf viel elegantere, feinere Weise als über den Gebrauch von groben Ausrufezeichen.

Noch wichtiger ist, dass wir unseren Gesprächspartner nur wirklich kennenlernen können, wenn wir ihn einladen, über sich zu sprechen. Menschen sprechen in der Regel gern über sich, über ihre Ansichten, die Fragen, die sie beschäftigen, die Ziele, die sie anstreben, die Bedenken, die sie haben, oder die Erfahrungen, die sie in Bezug auf das gemeinsame Thema gemacht haben oder gern machen würden. Unser ehrliches Interesse an ihnen, unsere wohlwollende Aufmerksamkeit ist Balsam für ihre Seele. Wir erfahren ihre Beweggründe und Argumente, die Empfindlichkeiten, Abneigungen, was sie unter Erfolg verstehen und welche Fettnäpfe es um sie herum gibt. Wir erfahren einen Teil ihrer Vergangenheit und ihre große Vision, wenn wir danach fragen. Und nur dann. Wir erkennen Gemeinsamkeiten (oder auch nicht) und bekommen eine Ahnung, welchen Nutzen wir dem Gesprächspartner bieten können, in welchem Bereich eine Zusammenarbeit für beide Seiten Sinn machen könnte, und auch, was genau diesen Gesprächspartner motivieren

Stellen Sie Fragen. Lassen Sie Ihr Gegenüber über sich reden. Nur so erfahren Sie, was ihn bewegt.

könnte, mit uns freiwillig und begeistert an einem Strang zu ziehen.

Doch nicht nur das. Stellen Sie sich folgende Situation vor: Sie haben Bauchweh und konsultieren einen Arzt. Sie betreten den Raum und berichten von Ihrem Schmerz in der Magengegend. Der Arzt nickt wissend, erzählt Ihnen einige kompliziert klingende Dinge über den Magen und zückt den Rezeptblock. Nach zwei Minuten sind Sie, ausgestattet mit einem unleserlichen Rezept, wieder draußen.

Neues Szenario. Sie haben Bauchweh und konsultieren einen Arzt. Sie betreten den Raum und berichten von Ihrem Schmerz in der Magengegend. Der Arzt nickt mitfühlend und fragt, seit wann Sie den Schmerz haben, wann genau, ob es etwas mit dem Essen zu tun hat, ob Sie das früher schon mal hatten, welche Art von Schmerz und wie stark er ist, wie es Ihnen im Allgemeinen momentan so geht, Stress, Sorgen? Dann schreibt er Ihnen ein Medikament auf, erklärt Ihnen die Wirkungsweise und entlässt Sie freundlich mit Ihrem unleserlichen Rezept. – Welchen Arzt halten Sie für kompetenter, von welchem fühlen Sie sich besser betreut, welchen würden Sie weiterempfehlen, welchem Medikament vertrauen Sie mehr?

An diesem Beispiel sehen wir die Kraft einer gelungenen Infophase. Es wirkt auf uns ungemein sympathisch und kompetent, wenn sich jemand für uns interessiert, und –

Wer interessiert Fragen stellt, wirkt sympathisch und kompetent.

ein toller Nebeneffekt – wir halten nach so einer differenzierten Fragestellung die anschließende Empfehlung auch für wesentlich glaubwürdiger, sind eher geneigt, dem Rat zu vertrauen und zu folgen.

Der Sinn der Informationsphase liegt darin, den Gesprächspartner und seine Welt kennenzulernen, die Vertrauensbasis nach der Begrüßungsphase weiter auszubauen und Gemeinsamkeiten herauszufinden, um anschließend, in der Präsentationsphase, die Überschneidungen zwischen seinem Bedarf und unserem Angebot, zwischen seinem Problem und unseren Lösungsansätzen herausarbeiten zu können.

Die Werkzeuge der Infophase sind Fragen. Ein entscheidender Punkt dabei ist die Art der Fragestellung. Es gibt jede Menge verschiedener Fragearten. Zu wissen, wann wir welche im Laufe des Gesprächs nutzen, ist daher enorm hilfreich. Da haben wir zum Beispiel die offenen Fragen („Wer ist für die Sachbearbeitung zuständig?"), die geschlossenen Fragen („Möchten Sie einen Kaffee?"), die rhetorischen Fragen („Wer könnte heutzutage nicht mehr Geld gebrauchen?"), die Alternativfragen („Ist es Ihnen wichtiger, das finanziell günstigste Angebot zu finden oder das für Ihre Belange optimal Passende?"), die Vertiefungsfragen („Sie sprechen von Engagement, was genau verstehen Sie darunter in diesem Zusammenhang?") oder die Verständnisfragen („Habe ich Sie richtig verstanden, dass Sie der Meinung sind, der Bewerber ist fachlich ungeeignet für diese Position?"), um nur einige Fragearten zu nennen.

In der Infophase kommt es uns hauptsächlich darauf an, den anderen zum Sprechen zu ermuntern. Hierfür eignen sich am besten die offenen Fragen. Hüten Sie sich vor der weitverbreiteten schlechten Angewohnheit, hauptsächlich geschlossene Fragen zu stellen. Sie merken es daran, dass das Gespräch nur schleppend bis gar nicht in Gang kommt und Ihnen der Gesprächspartner wortkarg und anstrengend vorkommt. Bei initiativen Personen spielt die Art der Fragestellung keine Rolle, sie reden immer gern und viel. Bei allen anderen kann es passieren, dass sie uns bei ungeeigneter Frageart beim Wort nehmen, ganz nach dem Motto: „Entschuldigen Sie, haben Sie eine Uhr?" – „Ja."

Offene Fragen

Man kennt sie auch unter dem Namen „W-Fragen", weil die offenen Fragen immer mit einem Fragewort mit „W" beginnen – wer, wann, was, wo, wie, wie lange, wie viel, welche, wozu, wohin – und nur mit Namen, Zahlen, einem Datum oder ganzen Sätzen beantwortet werden können, jedoch niemals mit Ja oder Nein. (Zum Beispiel: „Wer entscheidet letztlich über dieses Thema?" „Wie viel wollen Sie in dieses Projekt investieren?" „Was ist Ihnen dabei besonders wichtig?")

Nach dem Zeitrahmen fragen Nicht nur beim dominanten Typ ist es sinnvoll, zu Beginn des Gesprächs nach dem geplanten Zeitrahmen für das Gespräch zu fragen. Dann können wir unser Gespräch ganz anders einteilen, die Prioritäten besser setzen und die ungeteilte Aufmerksamkeit unseres Gesprächspartners leichter auf das gemeinsame Thema lenken. Spontan verlängern können wir immer noch, wenn unser Gegenüber aus Begeisterung grünes Licht dafür gibt. Daher lautet die einleitende Frage in der Infophase *„Wie viel Zeit haben Sie heute für unseren Termin/unser Thema* (nicht: „für mich") *eingeplant?"*

Fällt die Antwort unbefriedigend kurz aus, so können wir immer noch einen Vorschlag machen, wie das weitere Vorgehen trotz der knappen Zeit sinnvoll gestaltet werden kann, etwa so: *„Damit Sie sich einen kurzen Überblick über die interessanten Möglichkeiten verschaffen können, die sich für Sie aus einer Zusammenarbeit mit ... ergeben könnten, brauchen wir etwa 20 Minuten. In den von Ihnen genannten fünf Minuten können wir heute Ihre wichtigsten Vorstellungen bezüglich einer eventuellen Kooperation klären. Dann kommen wir beim nächsten Termin umso schneller zum Punkt. Was halten Sie davon?"* In so einem Fall konzentrieren wir uns eben nur auf eine vernünftige Info-phase und vereinbaren danach einen weiteren Termin für unsere Präsentation.

Auch wenn die Einladung zum Termin von der anderen Seite ausging und wir die „Geladene" sind, kann die Frage nach der Zeit selbstbewusst, zielorientiert und kunden-orientiert wirken, vor allem, wenn wir gleichzeitig zum Ausdruck bringen, dass wir uns inhaltlich darauf vorbe-reitet haben und die Zeit unseres Gesprächspartners für kostbar halten. Etwa so: *„Herr Müller-Lüdenscheid, bei unserem heutigen Meeting geht es ja um den aktuellen Stand unseres Intra-netzes. Bevor ich mit meinem Bericht beginne – wie viel Zeit haben Sie heute für dieses Thema eingeplant?"*

Nach dem Interessenfokus fragen Eine weitere, extrem hilf-reiche Frage ist die, worauf es unserem Gegenüber wirk-lich ankommt. Wie oft wünschen wir uns, in das Hirn unseres Gegenübers blicken zu können, um zu wissen, was wir sagen müssen, damit eine kooperative, konstruk-tive Atmosphäre entsteht. Vielleicht reden wir über Mög-lichkeiten der Zeitersparnis, während es unserem Ge-sprächspartner viel mehr darum geht, Kosten zu senken? Oder wir sprechen von einer langjährig getesteten und bewährten Methode, während unser Gegenüber nur an etwas spektakulär Neuem interessiert ist?

Viele an sich aussichtsreiche Begegnungen haben auf diese Weise zu Unzufriedenheit auf beiden Seiten geführt, ja sogar zum Scheitern von Verhandlungen. Warum nicht einfach erst fragen, bevor wir verbal ins Blaue hinein losstürmen und uns dabei möglicherweise um Kopf und Kragen reden? Denn machen wir uns nichts vor: Es gibt immer mindestens eine Handvoll verschiedener Themenschwerpunkte – und wenn wir die Erwartungen unseres Gesprächspartners von Anfang an kennen, finden wir inhaltlich schneller zueinander. Zum Beispiel: *„Frau Müller-Lüdenscheid, unser heutiges Thema bietet ja verschiedene Schwerpunkte, auf was kommt es Ihnen besonders an?"* Je nach Wissensstand über unseren Gesprächspartner können wir ihm diese Frage komplett offen stellen oder auch die Themenbereiche nennen, die wir ihm anzubieten haben bzw. die uns für dieses Gespräch sinnvoll erscheinen. *„Herr Dr. Prügelpeitsch, bevor wir ins Thema einsteigen, auf welchem Bereich liegt Ihr Hauptinteresse: auf x, auf y oder eher auf z?"* (Wir sind auf x, y und z vorbereitet). Diese Art der Fragestellung verhindert eine überraschende Wendung des Gesprächs auf Themenbereiche, mit denen wir nicht gerechnet haben.

Bei manchen Gesprächspartnern kommt es gut an, die Infophase zu Beginn nutzenorientiert anzukündigen, etwa so: *„Wenn Sie einverstanden sind, Herr Größenwahn, dann klären wir zuerst kurz Ihre Vorstellungen, und anschließend erörtere ich dann ganz gezielt die Möglichkeiten, die sich daraus ergeben, ja?"*

In diesem Fall ist ausnahmsweise eine geschlossene Frage sinnvoll, denn mit ihr holen wir uns zeitsparend das Ja und können loslegen.

Nach anderen Beteiligten fragen Je nach Gesprächssituation kann es sinnvoll sein, danach zu fragen, wer außer unserem Gesprächspartner noch in diese Thematik involviert bzw. direkt oder indirekt betroffen ist, wer hinter den Kulissen mitentscheidet oder an den Ergebnissen dieser Besprechung noch interessiert sein könnte. Diese Leute gehören sofort oder später, auf jeden Fall aber vor einer abschießenden Präsentation bzw. vor einem ausgearbeiteten Vorschlag/Angebot/Projektplan usw. mit an den Tisch. Denn das sind die Leute, die sich sonst, weil wir ihre Gedanken, Ideen, Ängste oder Pläne ignoriert haben, zu Recht übergangen fühlen und vielleicht später dagegenarbeiten könnten. Wer den Nutzen vieler im Blick hat, macht sich als Problemlösungspartner viel

> **Wer den Nutzen vieler im Blick hat, wirkt hoch professionell und macht sich mit der Zeit unentbehrlich.**

interessanter, wirkt hoch professionell, kann hilfreicher sein, wird von vielen unterstützt und respektiert und macht sich im Laufe der Zeit unverzichtbar. Indem wir das „größere Feld" in der Welt unseres Gesprächspartners berücksichtigen, können wir besser mitdenken. So zeigen wir unsere Fähigkeiten als Königin und die Ebene, auf der wir zu Hause sind. *„Frau Müller-Lüdenscheid, ich frage, um die*

Belange weiterer Kooperationspartner oder Kritiker dieses Projekts eventuell gleich mit einbeziehen zu können: *Wen außer uns beiden betreffen die Inhalte unseres heutigen Meetings noch?"*

Fragen nach den Details Nachdem die grobe Richtung geklärt ist, können wir systematisch, sogar unter Zuhilfenahme einer vorab zusammengestellten Frageliste, unseren Gesprächspartner nach den notwendigen Details befragen, ganz so, wie es zum Inhalt des Treffens passt, zum Beispiel wie er ganz persönlich über das Thema denkt, welche Erfahrungen er bisher damit gemacht hat, welche Bedenken er diesbezüglich hat; welche Risiken er sieht, aber auch, wie aus seiner Sicht die Ideallösung aussähe bzw. welche Kriterien diese a) unbedingt und b) erfreulicherweise erfüllen sollte; welche Hoffnungen und neuen Möglichkeiten sowie weiterführenden Entwicklungen er damit verbindet, welche alternativen Lösungen er bisher hatte mit Vor- und Nachteilen und welche er in Zukunft hätte, was für oder gegen diese spräche, auf welche Kriterien hinsichtlich benötigter Mitarbeiter, Dienstleistungen oder Produkte er besonderen oder geringeren Wert legt, welcher Zeitrahmen ihm für die Umsetzung des Projektes vorschwebt; wo er in fünf Jahren stehen möchte, mit welcher (finanziellen, personellen, zeitlichen) Unterstützung er uns dabei behilflich sein wird, seine Ziele möglichst effektiv voranzutreiben, was aus seiner Sicht für eine Kooperation gerade mit uns sprechen könnte, wodurch sich der ideale Kooperationspartner für ihn auszeichnet und welche Fragen er an uns hat.

Geheimnis Nr. 21
Erfolgreiche Frauen wissen: Egal worüber er spricht – sei es über Fußball oder Kirschkuchen –, eigentlich redet jeder Mensch immer über sich selbst, über seine Hoffnungen, Ängste oder geheimsten Wünsche.

Natürlich passen diese Beispiele nicht zu jedem Thema, in jede Branche und zu jedem Gespräch. Sehen Sie diese Aufzählung als Inspiration, um eigene, jeweils zu Ihrer speziellen Situation passende Fragen zu entwickeln. Grundsätzlich gibt es den Bereich der Vergangenheit, der aktuellen Situation im Jetzt und der Zukunft, auf den unsere Fragen abzielen können. Oder den Bereich der Bedenken, Probleme und den der Lösungen und positiven Erwartungen. Scheuen Sie sich nicht, eine schriftliche Liste anzufertigen, die Fragen vorab themenzentriert zu sortieren und mit dieser Liste bei der Zusammenkunft zu erscheinen. Wir müssen dann ja nicht zwanghaft jede darauf notierte Frage stellen – sie ist ein Fundus an Möglichkeiten, den wir dann spontan und kreativ nutzen können – das wirkt engagiert, professionell und interessiert. Grund-

Stellen Sie immer nur eine Frage und lassen Sie dem anderen Zeit zum Antworten.

sätzlich gilt dabei: Immer nur eine einzige Frage stellen und dann dem anderen Zeit lassen zum Antworten. Auch wenn uns gleich noch eine bessere Frage einfällt und vielleicht sogar noch eine. Weil wir gerade so schön in Schwung sind … Der Gesprächspartner fühlt sich von mehreren Fragen überfrachtet und antwortet zu 99 Prozent nur noch auf die letzte Frage – und es ist schade um die anderen.

Aktives Zuhören

Es klingt so banal, dass man es kaum schreiben mag, doch die Erfahrung zeigt, dass wir es zwar alle wissen, im Eifer des Gesprächs aber oft vergessen: Wenn Sie eine Frage gestellt haben, dann konzentrieren Sie sich mit Haut und Haar auf die Antwort – und nicht auf das, was Sie als Nächstes fragen oder sagen könnten.

Machen Sie sich während des Zuhörens nebenbei nur ganz kurze Notizen und halten überwiegend konzentrierten Augenkontakt. Ein Nicken ab und zu fördert den Gesprächsfluss, ebenso hin und wieder in Frageform eine Kurzzusammenfassung des Gehörten anzubieten oder die Informationen durch zustimmende Worte und Geräusche zu bestätigen (*„Verstehe"*, *„hm"*, *„genau"*, *„ja"*, *„aha"*). Falls Sie eine vorbereitete Frageliste vorliegen haben, zum Beispiel mit Prioritätsmarkierungen, können Sie Ihre Antwortstichpunkte immer gleich daneben schreiben. Je nach Persönlichkeitstyp und Zeitrahmen gehen wir mehr (oder weniger) ins Detail, machen zwischendurch mal einen Scherz und lächeln ab und zu (oder nur selten), fragen wir mehr (oder beschränken uns auf die allerwichtigsten Fakten). Die Antworten unseres Gegenübers zu loben verbessert die Atmosphäre: *„Gut, dass Sie das ansprechen, das sehe ich genauso."* Oder: *„Das ist ja eine gute Idee!"* Vertiefende Fragen erweitern unser Verständnis dessen, wovon der andere spricht und was er damit meint: *„Was genau verstehen Sie unter …?"*

Am Telefon

Bei einem Telefongespräch ist das aktive Zuhören ganz besonders wichtig, denn unser Nicken und freundliches Lächeln hört unser Gegenüber ja leider nicht. Daher müssen wir unser aufmerksames Zuhören unbedingt hörbar machen, im Grunde bei jedem Satz. Wer schon mal erlebt hat, dass er gefragt wurde: „Hallo?? Sind Sie noch dran?", der weiß, dass er bei diesem Telefonat genau das vernachlässigt hat. Wir haben den Menschen auf der anderen Seite der Leitung akustisch alleine gelassen, das verunsichert und verärgert ihn. Er glaubt, wir haben nicht zugehört, sind nicht bei der Sache, machen nebenbei vielleicht etwas anderes oder langweilen uns. Unser so wichtiges Lächeln müssen wir ebenfalls hörbar machen. Wie? Wenn Sie richtig lächeln und dabei sprechen, hört es der andere! Ansonsten können wir auch ab und zu ein bisschen dezent, aber eben hörbar andeutungsweise „lachen": *„Ha, ich weiß genau, was Sie meinen!"*

Das Telefonat hat gegenüber dem persönlichen Termin einen Vorteil, dafür aber auch entscheidende Nachteile. Der Vorteil liegt eindeutig bei der Zeitersparnis. Wenn es zu unserem Job gehört, im Laufe des Tages mit möglichst vielen Menschen Kontakt aufzunehmen, dann spricht einiges für ein Telefonat, denn durch die Ersparnis der Wege erreichen wir einfach wesentlich mehr Menschen pro Zeiteinheit. Auf der anderen Seite bleibt eine persönliche Begegnung jedem Beteiligten deutlich länger und intensiver im Gedächtnis, erreicht ganz andere Ebenen. Wenn uns also etwas besonders wichtig ist oder die Komplexität des Themas ein längeres Gespräch nötig macht, so ist der persönliche Kontakt eindeutig dem Telefonat vorzuziehen. Wir können einfach mehr bewirken und haben ganz andere Möglichkeiten, Vertrauen aufzubauen.

Ist das Ziel unseres Telefonats darauf ausgerichtet, mit dem Gesprächspartner einen persönlichen Termin zu vereinbaren, so sollten wir der Versuchung widerstehen, bereits am Telefon alles zu besprechen, denn wozu sollten wir uns dann noch treffen? Stellen Sie lieber eine spannende Präsentation in Aussicht und vereinbaren Sie direkt einen konkreten Termin. Etwa so: *„Frau Müller-Lüdenscheid, wenn ich mir Ihre Vorstellungen so anhöre, dann komme ich zu dem Schluss, dass Sie bei mir damit genau richtig sind. Um die verschiedenen Möglichkeiten vernünftig zu besprechen, schlage ich*

*einen persönlichen Termin vor. Wann passt es Ihnen denn, ist es
besser Ende der Woche oder Anfang nächster Woche?"*

Wechseln Sie auf keinen Fall in die Präsentationsphase,
bevor Sie nicht ein relativ eindeutiges Bild von den Vorstellungen Ihres Gegenübers besitzen. Die Präsentation ist
kein Feld für Zufallstreffer aus Versuch und Irrtum und
auch kein Kraftakt an Überzeugungsarbeit, sondern geziel-
tes, elegantes Vorgehen. Auch wenn Ihr Gegenüber Sie seinerseits bereits vor einer ausführlichen Informationsphase
mit Fragen zu Aussagen drängt, mit
denen Sie sich mangels Einschätzung **Wer sich zu vor-**
der Werte, Prioritäten und No-gos **zeitigen Antworten**
des Gesprächspartners aufs Glatteis **hinreißen lässt,**
begeben würden, empfehle ich drin- **redet sich um Kopf**
gend, freundlich, aber konsequent **und Kragen.**
die Reihenfolge der vier Phasen einzuhalten. Denn mit
jeder Aussage, die nicht auf die Belange des Gegenübers
abgestimmt ist, gefährden wir dessen Interesse an einer
Zusammenarbeit. Dies gilt insbesondere für ganz entscheidende Kriterien wie Fragen nach dem Preis, der Dauer bis
zur Fertigstellung eines Projektes und dergleichen. Mit
vorzeitigen Antworten reden wir uns mit einer lausigen
Erfolgswahrscheinlichkeit von 50 : 50 um Kopf und Kragen. Trotzdem bleiben wir natürlich immer charmant.
Zum Beispiel so: *„Herr Müller-Lüdenscheid, es freut mich, dass
Sie Interesse an wichtigen Details unserer Kooperation zeigen. Eine*

fundierte Antwort darauf gebe ich Ihnen gern, sobald wir auch die anderen entscheidenden Kriterien besprochen haben. Auf was kommt es Ihnen denn, neben dieser Frage, noch an?" Oder: „Das ist natürlich ein ganz entscheidender Punkt, den Sie da ansprechen, da komme ich gleich noch ausführlich darauf zu sprechen. Vorab noch ein paar kurze Fragen …"

Bei einem Vortrag oder einer Präsentation

Das Vierphasenmodell können wir für Telefonate, Präsentationen, Workshops und Vorträge im Prinzip genauso anwenden wie beim Gespräch vor Ort – mit einer Ausnahme: den Einsatz der Informationsphase bei Vorträgen oder Präsentationen vor großem Publikum. Im normalen Gespräch stellen wir unserem Gegenüber ja Fragen, mit deren Antworten wir anschließend mehr oder weniger spontan die Präsentationsphase gestalten. Bei einer Präsentation vor Publikum ist das natürlich kaum möglich. Daher arbeiten wir die denkbaren Antworten einer Infophase bereits im Vorfeld im Zuge unserer Vorbereitung, zum Beispiel aufgrund von Internetrecherche oder nach Kurzinterviews einzelner Querschnittsrepräsentanten, in unseren Vortrag ein. Diese Ergebnisse präsentieren wir dann selbstständig, entweder als gelungenen Einstieg oder im Hauptteil unserer Präsentation.

Es ist eindeutig von Vorteil, wenn wir vor einem Vortrag unser Publikum und dessen Haltung zum Thema in etwa kennen, sodass wir vor der Präsentationsphase zumindest ein paar rhetorische Fragen stellen können, von denen sich wahrscheinlich die Mehrzahl der Zuhörer „abgeholt" fühlt. Zum Beispiel: *„Alle sprechen von der Finanzkrise, aber was bedeutet das für unser Unternehmen, für unsere interne Personalplanung, für Sie und mich im Tagesgeschäft? Viele von uns fragen sich, wie sie diese Situation innerhalb des nächsten Quartals nicht nur mühsam in Schach halten, sondern vielleicht sogar als Chance nutzen können."* Nach kurzer, bedeutungsschwangerer Pause mit ruhigem Blickkontakt in die Runde der gespannten Zuhörer beginnen wir nun mit unserer Präsentation: *„Darum wird es in diesem Vortrag gehen."*

3. Phase: Die Präsentation – eine Interessengemeinschaft bilden

In einem Gespräch können wir dann in die Präsentationsphase übergehen, wenn die Aufgabe der Infophase hinreichend erfüllt ist, wir also unser Gegenüber gut genug kennengelernt haben, um ihm unsere Idee der Kooperation, unseren Vorschlag, unser Angebot oder Projekt auf eine für genau ihn maßgeschneiderte Art und Weise vorstellen zu können. Nicht früher und nicht später.

Denken Sie immer daran, dass es weder ausschließlich um unseren Gesprächspartner noch ausschließlich um uns geht. Es geht um uns beide. Das ist die hohe Schule aller erfolgreichen Begegnungen: konsequent die Überschneidung der beiderseitigen Interessen herauszufiltern und aus dieser Schnittmenge das Beste für beide Seiten und alle Beteiligten zu machen.

Die Präsentation ist das Herzstück unseres Gesprächs und kann in manchen Fällen nicht direkt auf die Infophase folgen. Manchmal ist es nötig, zwischen der Infophase und der Präsentationsphase die Ausarbeitung, Recherche, Analyse, Projektplanung oder Angebotserstellung einzuschieben. Die Präsentationsphase findet dann bei einem gesonderten Gesprächstermin statt. Für diesen gilt wieder: 1. Begrüßungsphase, um (wieder) einen aktuellen Draht herzustellen, 2. in der diesmal kurzen Infophase die Minimalfragen nach Zeit und Hauptinteressenfokus bzw. der konkreten Erwartungen zu stellen und dann 3. mit der Präsentation zu beginnen. Für ein Gespräch am Telefon gilt das Gleiche.

In manchen Fällen konnten wir die Ausarbeitung usw. schon im Vorfeld des eigentlichen Gesprächs erledigen, vielleicht sind wir auch schon lange genug in diesem Metier zu Hause und ein echter Vollprofi. Vielleicht haben wir auch das Glück, mit Unterlagen oder Prospektmaterialien ausgestattet zu sein, und sind nun in der Lage, die Informationen der Infophase spontan mit unserem Wissen zu einem individuell maßgeschneiderten Vortrag zu verbinden. Unsere Aussagen sollten in jedem Fall mit der Infophase in eindeutig erkennbarem Zusammenhang stehen und Punkt für Punkt immer wieder mit den Zielen unseres Gegenübers in Verbindung gebracht werden. Lassen Sie sich Zeit. Hektik zerstört unsere Ausstrahlung. Ruhe wirkt souverän.

Geheimnis Nr. 22
Als erfolgreiche Frau sagen wir lieber wenig auf ruhige Art als viel auf hektische Art.

Nutzen Sie auch ab und zu die Macht der Pausen und des Schweigens. Inhalte, nach denen wir kurz schweigen, erhalten besondere Bedeutung und halten die Konzentration des Zuhörers aufrecht. Glauben Sie und appellieren Sie an die gute, kooperative Seite Ihres Gegenübers. Treten Sie grundsätzlich und konsequent mit der besten Version seiner selbst in Kontakt, das wird ihn/sie ermuntern, diese (weiter) zu entwickeln.

Jede Frage unseres Gesprächspartners an uns bietet die Möglichkeit einer kleinen Präsentationsphase – sofern wir schon genug über seine Vorstellungen wissen. Jeder Typ hat seine eigenen Gründe und Hintergründe für eine Frage oder einen Kommentar. Wir wissen meist nicht, ob es zum

Beispiel einen Stetigen einen großen inneren Anlauf gekostet hat, diese Äußerung vorzunehmen. Oder wie viel Zurückhaltung es einen Dominanten schon gekostet hat, diese Äußerung erst jetzt oder in dieser gemäßigten Form auszudrücken. Was auch immer es ist – eine Frage, ein Kommentar, ein Einwand, eine kritische Äußerung –, wir sollten unserem Gegenüber grundsätzlich ein positives Feedback dafür geben, das unsere Anerkennung oder Dankbarkeit zum Ausdruck bringt, etwa so:

Jede Frage, die an Sie gestellt wird, können Sie für eine kleine Präsentationsphase nutzen.

„Gut, dass Sie das fragen." „Danke, dass Sie mich daran erinnern." „Ja, das ist wirklich ein wichtiger Aspekt, den Sie da ansprechen." Das ermutigt ihn, sich weiter zu öffnen, und verbessert die gemeinsame Basis. Und je schwieriger die Atmosphäre ist, umso wichtiger ist diese Basispflege. „Frau König, kommen Sie jetzt bitte endlich zum Punkt, ich habe nicht ewig Zeit!" – „Gut, dass Sie gleich so ehrlich sind, Herr Größenwahn. (Charmantes Lächeln) *Wenn Sie es so eilig haben, dann bekommen Sie von mir jetzt umgehend eine kompakte Zusammenfassung der wichtigsten Ergebnisse. Worauf liegt Ihr Hauptaugenmerk?"*

Je nach Komplexität oder auch zeitlichem Abstand zwischen Info- und Präsentationsphase kann es sinnvoll sein, die Hauptkriterien unseres Gegenübers zunächst kurz und knackig zusammenzufassen und uns diese, diesmal mit geschlossenen Fragen, vorab kurz bestätigen zu lassen.

Denn jetzt möchten wir nur die Klarheit von Ja und Nein erzeugen, um den optimalen Boden für eine gelungene Präsentation zu bereiten.

Der Übergang von der Info- zur Präsentationsphase könnte, je nach Typ, zum Beispiel so klingen: *„Herr Müller-Lüden- scheid, Sie sagten vorhin, besonders wichtig für dieses Projekt ist Punkt x. Richtig?"* – „Genau." – *„Um dies zu gewährleisten, habe ich fol- genden Vorschlag / könnten wir folgendermaßen vorgehen ..."* Oder: *„So, Frau Müller-Lüdenscheid, jetzt habe ich Sie lange genug befragt, um mir ein Bild von der Situation machen zu können. Nun wollen Sie bestimmt zur Abwechslung mal was von mir hören. (Lächeln) Also. Wenn ich Sie richtig verstanden habe, kommt es Ihnen hauptsächlich auf x, y und z an, ist das richtig?"* – „Ja." *„Gut. Damit wir Ihre Er- wartungen in Bezug auf x berücksichtigen können, habe ich folgenden Vorschlag ... Der Vorteil dabei für Sie ist, dass ..."* usw. Auf diese Weise könnten wir erst den Punkt x, dann y und schließ- lich z bearbeiten. Vorausgesetzt natürlich, wir haben für alle Punkte geeignete Lösungsvorschläge.

Hatte in der Infophase unser Gegenüber etwa 80 Prozent und wir 20 Prozent des Redeanteils, soll das Verhältnis nun andersherum sein. Jetzt kom- men hauptsächlich wir zum Zug. Wir achten bei der Reihenfolge unserer Präsentation darauf, vom schwächs- ten zum stärksten Argument hin zu steigern. Wenn wir

Der Wurm muss dem Fisch schmecken, nicht dem Angler.

viele positive Aspekte parat haben, dann nennen wir die drei überzeugendsten – nicht aus unserer Sicht, sondern unter Berücksichtigung der Werte, Prioritäten und genannten Kriterien unseres Gegenübers.

Auch in dieser Phase steht Qualität vor Quantität. Nicht stundenlanges Zutexten mit Hunderten von Argumenten wird die Begeisterung unseres Gesprächspartners entfachen, sondern eine kleine, aber dafür umso feinere Auswahl von Pluspunkten, die möglichst deckungsgleich mit seinen Wünschen sein sollten. Länger als 30 Sekunden am Stück sollten wir in einem Vieraugengespräch sowieso nicht reden, denn dann lässt die Konzentration des Zuhörers nach und er beginnt, geistig abzuschweifen. Zu dumm, wenn das gerade dann passiert, wenn wir unser bestes Argument nennen. Daher sprechen wir in unserer Präsentationsphase Punkt für Punkt durch und holen nach jedem genannten Argument oder Vorschlag die Meinung unseres Gegenübers dazu ein. Dann wird es nie so einseitig, dass er/sie abschweifen kann.

Das kann sich dann folgendermaßen anhören: „Herr Müller-Lüdenscheid, *Sie brauchen für das geplante Projekt eine Gewerbeimmobilie mit rund 1 000 qm Fläche mit guter Verkehrsanbindung.*" „Ja, genau." – „*Da habe ich erst gestern ein interessantes Objekt hereinbekommen, das sich für Ihre Pläne hervorragend eignet. Es hat 1 200 qm Fläche, liegt am Rande der Stadt in unmittel-*

barer Nähe zur Autobahn, fünf Gehminuten zur nächsten U-Bahn-Haltestelle und maximal zehn Minuten zum Bahnhof. *Wie klingt das für Sie?"* – „Das hört sich schon mal sehr gut an. Erzählen Sie mehr!"

Wenn wir mit Männern sprechen, so ist es empfehlenswert, dies langsam, konkret und in (für weibliche Ohren) autoritärem Ton zu tun, damit wir (für männliche Ohren) Sicherheit und damit Überzeugungskraft ausstrahlen. Kurz und prägnant, besonders Wichtiges wiederholen und dann eine kleine Pause machen – so bleibt es garantiert im Gedächtnis. Die Melodie macht im Laufe eines Satzes immer einen Bogen nach unten. Das ist auch gut so, denn wenn der Satz hinten mit der Melodie immer hoch geht, klingt es wie eine Frage – und

Im Gespräch mit Männern gilt: kurz und prägnant, Wichtiges wiederholen und dann eine kleine Pause machen.

nicht wie die Aussage einer Königin. Einzige Ausnahme: Wenn Sie es mit einem oder mehreren dominanten Gesprächspartnern zu tun haben, die dazu neigen, Sie nicht ausreden zu lassen, gibt es einen Trick: Selbst hartgesottene Unterbrecher lauern auf einen winzigen Zwischenraum zwischen zwei Sätzen, den sie an dem Abfallen der Melodie erkennen. Indem wir die Melodie des Satzes jedoch nicht am Ende zum Tiefen hin senken, sondern nach oben führen, merkt der Zuhörer, dass unser Satz noch nicht zu Ende ist, und wartet noch ab.

Während einer größeren Präsentation stehen wir auf beiden Beinen und untermauern unsere Aussagen mit passender Mimik und Gestik. Falls Sie das Flipchart oder eine Pinnwand verwenden, stellen Sie sich beim Schreiben nicht davor, sondern so daneben, dass alle sehen können, was Sie schreiben. Es ist etwas gewöhnungsbedürftig, von der Seite zu schreiben, doch gut machbar. Drehen Sie Ihrem Publikum niemals den Rücken zu – und beim Reden schon gar nicht.

Positiv formulieren

Wenn wir in unserem (zukünftigen) Kooperationspartner positive Gedanken, Bilder und Gefühle auslösen wollen, dann können wir in positiven Worten, Bildern und mit erfreulichen Beispielen oder Geschichten aufwarten: *„Da fällt mir gerade ein Beispiel ein, bei dem es ähnlich war!"* Je nachdem, was für ein Typ unser Gegenüber ist, berichten wir nun etwas ausführlicher oder nur ganz kurz und sachlich.

Wenn wir manche der Vorstellungen unseres Lieblingsgegenübers möglich machen können, andere jedoch nicht, dann sprechen wir konsequent und positiv formuliert hauptsächlich von dem, was geht: *„Herr Müller-Lüdenscheid, Ihnen ist ja – vor allen anderen Aspekten – daran gelegen, dass die überarbeitete Homepage bis zum Ende des Monats ins Netz gestellt wird, richtig?"* – „Ganz genau!" (Wir wissen genau, dass es völlig unmöglich ist, die gesamte Homepage bis zu diesem

Termin fertigzustellen.) „Gut. *Ebenso wichtig ist Ihnen, dass dieses Projekt nicht schnell hingeschludert wird, sondern als repräsentatives Aushängeschild der Firma Schallgruber & Söhne Hand und Fuß hat, nicht wahr?"* (Augenkontakt halten und während des Sprechens ermunternd zunicken, bis Herr Müller-Lüdenscheid ebenfalls nickt.) „Richtig!" *„Das sehe ich ganz genauso wie Sie. Damit sowohl dieser Termin eingehalten werden kann als auch die hohe Qualität der einzelnen Unterpunkte gewährleistet bleibt, schlage ich vor, wir konzentrieren uns Schritt für Schritt auf die verschiedenen Bereiche der Homepage und stellen zunächst die Startseite und das interaktive Tool fertig. Das können wir in gehobener Qualität bis Ende des Monats schaffen. Anschließend machen wir den nächsten Schritt. Welchen Bereich möchten Sie dann zeitnah nachziehen, den Shop oder das Newsletter-Abo?"*

Gehen Sie an die Präsentationsphase immer mit der Leitfrage „Was geht?" heran. Was alles nicht geht, interessiert hier niemanden. Wir erzählen in einem Bewerbungsgespräch ja auch nicht, was wir alles noch nicht gemacht haben, was wir auf keinen Fall wollen oder hoffen, nicht können zu müssen. Jedenfalls sollten wir das nicht. Die Liste wäre genau genommen endlos und nur negativ. Und so wäre dann auch die

Erfolgreiche Frauen erzählen nicht, was sie nicht können, sondern stellen das in den Vordergrund, was sie können.

Stimmung. Erfolgreiche Frauen konzentrieren sich daher auf das halb volle Glas, nicht auf das halb leere. Wir wissen, was wir leisten können, was unser Unternehmen oder unser Team anzubieten hat – und nun, nach der Infophase, wissen wir auch, was sich unser Gegenüber wünscht. Die Schnittmenge zwischen beidem ist in der Präsentationsphase unser Thema, und wenn sie auch noch so klein ist.

Wir greifen von allen Themenbällen, die uns unser Gegenüber zuwirft, die konstruktiven heraus, egal, ob es sich um Feedback, kritische Fragen oder geäußerte Wunschvorstellungen handelt. Und diejenigen, die uns gemeinsam nicht weiterbringen, fangen wir einfach nicht auf. Zum Beispiel: „Frau König, Ihre Ausarbeitung klingt in etlichen Punkten sehr plausibel, doch der Zeitplan ist völlig unrealistisch." – *„Gut, dass Sie das ansprechen. Welche Punkte sind das genau, die Ihnen gefallen haben?"* Oder: *„Das freut mich, ich hatte auch von Anfang an den Eindruck, dass wir gut zusammenarbeiten können. (Lächeln) Was halten Sie eigentlich von der farblichen Auswahl?"* Solche Ablenkungsmanöver haben manchmal etwas Dreistes bis Witziges. Ich persönlich mache die besten Erfahrungen damit, wenn ich dabei mein allerfreundlichstes, unschuldigstes Gesicht aufsetze. Meist lacht der Gesprächspartner, manchmal geht er auf die Frage ein, manchmal hält er auch hartnäckig am Problem fest – und mich wahrscheinlich für bekloppt (zumal ich auch noch blond bin). Den Versuch ist es immer wert. „Frau König, Ihr Angebot ist ja qualitativ durchaus überzeugend, doch der Preis ist absolut indiskutabel." – *„Es freut mich, Herr Größenwahn, dass*

Sie die Qualität meines Angebots schätzen. Welche Punkte sind für Sie von besonderer Relevanz?"

Präsentieren Sie im Kernstück Ihrer Besprechung Erkenntnisse, Ergebnisse, Ihre Einschätzung. Geben Sie ernst, ruhig und überzeugt ganz klare Empfehlungen, die Sie ohne Rückzieher stehen lassen – ohne „Aber das haben Sie bestimmt auch schon längst probiert und der Nachteil ist ja auch …" Greifen Sie Anregungen Ihres Gegenübers oder anderer Meeting-Teilnehmer auf – *„Sie bringen mich da auf eine Idee"* – und nennen Sie immer den Nutzen für Ihren Kooperationspartner: *„Das heißt für Sie, Sie können den Großauftrag beruhigt annehmen."* Stehen Sie voll und ganz zu Ihrer Präsentation, sprechen Sie laut und deutlich – und ohne Zweifel oder Rechtfertigungen.

Und wenn es keine Übereinstimmung gibt? Wenn es tatsächlich überhaupt keine gemeinsame Schnittmenge gibt, ist es auch nicht schlimm. Dann handelt es sich eben um einen Reisenden zu einem anderen Ufer. Na und? Die Zeit mit dieser Person muss keineswegs umsonst gewesen sein. Wenn wir Vertrauen aufbauen konnten, ist es gut möglich, dass wir uns zu einem späteren Zeitpunkt oder in einem anderen Bereich gegenseitig unterstützen können. Vielleicht bekommen wir auch eine Empfehlung, die einen einträglichen Auftrag oder eine dauerhafte Geschäftsbeziehung nach sich zieht.

Versuchen Sie nicht, krampfhaft eine Schnittmenge zu bilden, wo trotz ausführlicher Infophase mit vielen offenen Fragen keine ist – das ist enorm anstrengend und quälend für alle Beteiligten und bringt letztendlich doch nichts. Außerdem ist es völlig unnötig. Es gibt immer genug Menschen, die das möchten, was wir anzubieten haben. Je unabhängiger wir rüberkommen, umso interessanter wirkt unser Angebot. Wo wirklich keine Überschneidung zwischen Angebot und Nachfrage existiert, kann es kein Win-win-Ergebnis geben.

Ihr Gesprächspartner ist Ihr Chef oder Ihre Chefin? Er/sie will etwas von Ihnen, das Sie (so) nicht leisten können? Da gibt es nur zwei Möglichkeiten: Entweder es handelt sich um eine Herausforderung, bei der Sie enorm wachsen und sich entwickeln können, wenn Sie sie mutig annehmen. Vielleicht können Sie es nicht genau so, aber dafür auf eine andere Weise oder mithilfe eines Mitstreiters? Was würde jemand tun, der sich das zutrauen würde? Denken Sie nicht in Problemen, sondern in Möglichkeiten, und entwickeln Sie machbare Zwischenschritte!

Denken Sie nicht in Problemen, sondern in Möglichkeiten!

Oder Sie können lernen, ehrlich und freundlich Nein zu sagen, und ihm/ihr dafür vielleicht einen anderen Lösungsvorschlag anbieten, der allerdings gar nichts mit

Ihnen zu tun hat. Und in Erinnerung bringen, welches der Bereich ist, in dem Sie stark sind, mit welchen Fähigkeiten Sie ihm gern zur Verfügung stehen. Freundlich, klar und selbstbewusst. Falls Sie glauben, Ihr Job steht dabei auf dem Spiel, dann entwickeln Sie spätestens jetzt für den Rest Ihres Lebens eine echte, vielleicht erweiterte Vision. Es geht immer weiter. Wenn wir uns abhängig fühlen, machen wir uns oft leichtfertig zu einem Opfer der Umstände und geben die Selbstverantwortung dabei ab. Wir steigern uns so lange in Existenzängste hinein, bis wir vollkommen panisch und handlungsunfähig sind. Damit setzen wir uns selbst schachmatt. Nehmen Sie sich übers Wochenende eine Auszeit und arbeiten einen Plan B aus. Und erinnern Sie sich daran, dass Sie eine Königin und keine Leibeigene sind. Vielleicht ist es ein liebevoller Hinweis des Lebens, dass Sie hier nicht mehr hingehören? Dass etwas Besseres auf Sie wartet? Was könnte das sein? Und wie könnten die Schritte aussehen, damit das möglich wird? Oder dass Sie die Herausforderung doch annehmen könnten? Vielleicht könnten Sie sich mit einer alten, einengenden Angst konfrontieren und diese loswerden?

Geheimnis Nr. 23
Die erfolgreiche Frau lässt sich von niemandem einschüchtern oder ködern.

Egal, mit wem wir es zu tun haben – finden Sie die Augenhöhe zu Ihrem Gesprächspartner und begegnen Sie ihm
freundlich, offen und ehrlich. Sprechen Sie mit ihm über
Möglichkeiten – mit Ihnen oder ohne Sie.

Im Zentrum unserer Ausführungen in der Präsentationsphase steht unser Gesprächspartner mit seinen Vorstellungen und die Schnittmenge, die sich aus unseren Überein-
stimmungen ergeben hat. Wir sprechen über diejenigen
seiner Hauptkriterien, die Möglichkeiten einer Zusammenarbeit ergeben – und nicht über uns oder das, was nicht
geht. Deswegen beginnen unsere Sätze mit „*Sie haben* …“,
„*Sie möchten* …“, „*Sie können* …“ und „*Wi*r (der Gesprächspartner und Sie) *können* …“ anstatt mit „Ich“. Kundenorien-
tiert heißt das Zauberwort. Dass uns unser Projektpartner
wichtig ist, erkennt er/sie unter anderem auch daran, dass
wir ihn/sie immer mal wieder mit Namen ansprechen,
das macht das Gespräch persönlicher.

Grundsätzlich gilt: Loben Sie Ihr Gegenüber immer mal
wieder für etwas, das Sie aufrichtig an ihm schätzen (nicht
schleimen!), bedanken Sie sich ab
und zu, zum Beispiel für den Kaffee,
seine gute Idee, seinen guten Willen,
die Kundentreue, seine Ehrlichkeit,
eine Frage … Das kommt bei jedem gut an, auch bei unse-

**Auch Chefs sind
Menschen – manche
allerdings heimlich.**

rem Chef und der Chefin. Auch Chefs sind Menschen – manche allerdings heimlich.

Wenn Sie Mitarbeiter führen Auch Delegieren will gelernt sein. Wenn Sie es sich aufgrund Ihrer Position leisten können, Aufgaben zu vergeben, dann machen Sie davon freundlich und klar Gebrauch. Wir Frauen tun uns oft schwer, anderen „Befehle" zu erteilen, weil wir einen kollegialen Führungsstil bevorzugen und freundschaftlich mit unseren Mitarbeitern umgehen. Das ist auch gut so. Trotzdem ist es für alle Beteiligten angenehmer, wenn wir an dieser Stelle nicht so herumeiern. Statt: „Frau Prügelpeitsch, könnten Sie bitte …? Ich weiß, Sie haben viel zu tun, aber ich schaffe es sonst nicht, und ich brauche es unbedingt bis morgen Mittag, ja?" könnten wir einfach sagen: *„Liebe Frau Prügelpeitsch, bitte erledigen Sie … bis morgen Mittag. Vielen Dank."* Und wenn Frau Prügelpeitsch die Sachen fertig hat, bedanken wir uns einfach noch mal oder loben Sie, wenn Sie irgendetwas besonders gut gemacht hat. Das ist immer noch kollegialer Führungsstil. Im ersten Fall mit Entschuldigungen, Rechtfertigungen, Erklärungen und Fragen entsteht Unklarheit und eine jämmerliche Stimmung, die alle Beteiligten nur belastet. Im zweiten Fall kommt freundliche Bestimmtheit, Schwung, Anerkennung und Dankbarkeit rüber – das ist angenehmer. Fühlen Sie den Unterschied?

Ein weiterer, viel wesentlicherer Punkt kollegialer Führung sind regelmäßige Mitabeitergespräche. Was sind die Stärken und was die ungeliebten Arbeitsbereiche, was die Wünsche und die Vision unserer Mitarbeiter oder Mitarbeiterinnen? Und wie können wir sie anleiten und dabei unterstützen, sich dort hinzuentwickeln und Schritt für Schritt erfolgreicher und selbstbewusster zu werden? Wenn wir diese Fragen stellen und im Auge behalten, fühlen sich unsere Mitarbeiter von uns gut geführt und machen gern ihren Job.

Typgerechte Präsentation

Dominanter Typ   Der Dominante ist niemals an der Geschichte der Lösungsentwicklung, sondern ausschließlich an Ergebnissen interessiert. Am liebsten hat er die alleinige Entscheidungsgewalt – und mit Entscheidungen fackelt er nicht lange. Machen wir ihm nun einen Vorschlag, so wird er sich dafür oder dagegen entscheiden. Möchten Sie mit ihm konstruktiv zusammenarbeiten? Dann arbeiten Sie grundsätzlich zwei Alternativlösungen für ihn aus. Bieten wir ihm nämlich zwei Vorschläge, so wird er sich wahrscheinlich für einen von beiden entscheiden. Es ist ihm angenehm, wenn wir ihm zu jedem der beiden Alternativen kurz die Vor- und die Nachteile (Zahlen, Daten, Fakten) nennen, sodass er Zeit spart und bei seiner Entscheidung ein gutes Gefühl haben kann. Gern bekommt er während der Präsentationsphase eine schriftliche Kurzzusammenfassung an die Hand.

Initiativer Typ Der Initiative liebt unkomplizierte, pflege-leichte Vorschläge, am besten ohne detailliertes Hinter-grundwissen vorgetragen. Interessieren könnte ihn, wer sich noch für diese Alternative ausgesprochen hat – und wenn er diese Person sympathisch findet, ist er vielleicht geneigt, sich dem Urteil kurzerhand anzuschließen. Erzäh-len Sie ihm anhand Ihrer ganz persönlichen Geschichte die Entstehung und Vorteile Ihres Vorschlags – nichts Abstrak-tes, sondern Menschliches. Wenn es das Thema ermög-licht, so lassen Sie dem Initiativen Ihre favorisierte Lösung „erleben" oder anfassen. Erzählen Sie Geschichten von Per-sonen, die in ähnlichen Situationen waren wie er und mit dieser Lösung gute Erfahrungen gemacht haben.

Stetiger Typ Ein Stetiger hört gern, dass Ihr Vorschlag po-sitive Auswirkungen auf die Zusammenarbeit der Men-schen in seinem Umfeld sowie das Befinden jedes Einzel-nen hat. Auch er mag die Argumentation über beispielhafte Erlebnisberichte und Geschichten von Personen, die er als ähnlich zu sich selbst einschätzt und die ihm am besten persönlich bekannt und sympathisch sind. Was er absolut nicht leiden kann, ist Zeitdruck bei Entscheidungen.

Gewissenhafter Typ Handelt es sich um einen gewissenhaf-ten Gesprächspartner, empfiehlt es sich, zunächst den Wer-degang unserer Recherchen sowie die im Vorfeld ausgeschie-denen Versionen mit Ausscheidungsursache zu erwähnen.

Sodann legen wir die Top 3 oder Top 2 dar und zeigen bei jedem Vorschlag die Vor- und Nachteile (Zahlen, Daten, Fakten) detailliert auf, um am Ende eine Empfehlung auszusprechen, die die geringsten Risiken mit sich bringt und deren Funktionieren durch eine Anzahl von erfolgreichen Beispielen belegt werden kann. Unser gründlicher Gewissenhafter freut sich über tabellarische Übersichten der belegbaren Vor- und Nachteile.

Einwänden, Kritik und Reklamationen professionell und kooperativ begegnen

Oft reagieren wir vollautomatisch auf verbale Attacken oder Widerstände. Es geht so schnell – und schon ist die Atmosphäre feindselig. Schade drum. Deswegen gilt: Finger weg von blindwütigen, instinktgeleiteten Reaktionen aus unserem Stammhirn. Lügen, Ausflüchte, emotionale Ausbrüche, Hysterie, Gegenangriffe wie Drohungen, schneidender Humor, Sarkasmus, Wut oder aggressive Forderungen helfen nicht weiter. Auch beleidigtes Schmollen, Vorwürfe oder Entschuldigungen, Rechtfertigungen usw. sind kindliche Verhaltensmuster und gehören nicht in ein professionell geführtes Gespräch. Flucht oder Angriffsreaktionen kommen aus unserem konditionierten Verstand und sind keine bewussten Handlungen einer Königin.

Klassischerweise empfinden wir Einwände oder Kritik als Störung. Je nach Ton sogar als Angriff. Oft haben wir schon im Vorfeld Angst, dass unser Gegenüber anderer Ansicht sein könnte und unsere Vorschläge zunichte machen, gute Ideen vom Tisch wischen oder sich trotz unserer Bemühungen mit seinen Vorstellungen durchsetzen könnte. Reklamationen und Beschwerden fühlen sich ähnlich unerfreulich an, ebenso Kritik an unserer Leistung. All das empfinden wir als Nein gegen uns selbst. Es irritiert, verunsichert. In der Luft liegt die Frage, wer Recht und wer Schuld hat, wer einen Fehler gemacht hat, wer klein beigeben, einlenken, wieder gutma-

Fremde sind Freunde, die sich noch nicht kennen.

chen muss und wer wohl diesmal der „Sieger" ist. Der Mythos „Es kann nur einen geben" – einen, der im Recht ist – macht das Thema der Uneinigkeit so heikel. Keiner will der Unterlegene, der Schuldige sein, derjenige, der einen Fehler gemacht hat oder der nicht bekommt, was ihm vermeintlich zusteht. Wir denken uns in solchen Situationen zwei Widersacher. Nur, weil zwei Menschen verschiedene Erfahrungen und Meinungen, verschiedene Prioritäten haben, verschiedene Ängste oder Stärken. Doch sie sind keine Widersacher. Sie sind sich nur in ein oder zwei Punkten durch die Verschiedenartigkeit in ihrem Denken, Fühlen oder Handeln etwas fremd.

In Wahrheit hat jeder auf seine Weise Recht. Jeder macht es so gut, wie er es in diesem Moment kann. Fehler passieren. Wenn es unserer war, dann geben wir es einfach zu.

Wenn es irgendjemand in unserem Verantwortungsbereich passiert ist, sagen wir, dass wir uns darum kümmern werden. Keine Kniefälle oder hektischen Entschuldigungen. Das ist unprofessionell. Niemand erwartet sofortige Aufklärung. Bleiben Sie aufrecht. Wo in unklaren, ärgerlichen Situationen angestrebt wird, dass einer Recht und der andere Unrecht oder Schuld hat, wo einer versucht, sich gegen den anderen durchzusetzen, zu gewinnen, da gibt es auch einen, der verliert und der danach unglücklich ist. Gute Lösungen lassen immer zwei Gewinner zurück und größeres Verständnis füreinander. Und genau das ist unser Anliegen. Deswegen verschließen oder verkrampfen wir uns auch nicht, wenn unser Gesprächspartner seine anderslautende Ansicht äußert, sondern bleiben weich und offen für ihn.

„Das Herz hat seine eigene Vernunft, die der Verstand nicht begreifen kann. Das Herz hat seine eigene Dimension des Seins, die für den Verstand völlig im Dunkeln liegt. Das Herz ist etwas Höheres als der Verstand und etwas Tieferes; es liegt außerhalb seiner Reichweite.“   Osho

Einwände, Beschwerden, Kritik haben einen viel schlechteren Ruf, als sie es verdienen. Genau genommen zeigt unser Gegenüber uns nur, wie er die Welt sieht. Und dies vielleicht sogar so ehrlich, dass er uns an seinen Emotionen teilhaben lässt, uns Wut, Verzweiflung, Angst oder

Sorge zeigt. Kein Grund, sich zu verspannen. Hier handelt es sich um eine sehr gute Gelegenheit, Vertrauen aufzubauen und zu festigen; es ermöglicht uns, den anderen noch besser kennenzulernen, gemeinsame Lösungen zu erarbeiten und vielleicht sogar die eigene Sicht zu erweitern. Da es, wie wir wissen, niemals darum geht, wer Recht hat, da sowieso jeder Recht hat, geht es auch nicht um ein Entweder-oder, sondern immer um das Und. Das ist unsere Grundstimmung – von vornherein, während des gesamten Gesprächs, und natürlich auch dann, wenn unser Gegenüber etwas sagt, das im ersten Moment nach Kritik oder Ablehnung klingt.

Wenn unser freundliches Ignorieren des Negativen nicht geholfen hat (wie im Abschnitt „Positiv formulieren" beschrieben) und ein Widerspruch hartnäckig wiederkommt, dann sollten wir ihm unsere wohlwollende Aufmerksamkeit schenken. Haben Sie keine Scheu vor dem Widerstand Ihres Gesprächspartners, es ist normal und ein Zeichen, dass er mitdenkt und grundsätzlich die Kooperation in Erwägung zieht. Sonst würde er sich nicht mit dem Für und Wider befassen und das Gespräch unnötig verlängern.

Die Spannung zwischen Plus und Minus bringt Glühbirnen zum Leuchten.

Geben Sie Ihrem Gegenüber, auch Ihren Zuhörern im Vortrag ruhig freundlich die Gelegenheit, Ihren Vorschlag zu hinterfragen, Sie anzugreifen. Das zeugt von wahrer Größe. Wenn unser Mitspieler seine Gedanken offenlegt, können wir damit arbeiten. Behält er seine Bedenken jedoch für sich, ist der Fluss trotzdem gestört, und wir wissen nicht, warum.

Wir haben drei Möglichkeiten, konstruktiv mit derlei Gesprächssituationen umzugehen: die Fragetechnik, die Ja-Ja-Und-Methode und den Weg der Weichheit.

Die Fragetechnik

Wenn wir auf einen Einwurf unseres Gesprächspartners keine gute Antwort oder Lösungsidee parat haben, so nutzen wir die Fragetechnik. Jedes Argument lässt sich freundlich und interessiert hinterfragen, am besten mehrmals. So erfahren wir viel über die Grundmotive des anderen. Die Fragetechnik besteht aus zwei Komponenten: der positiven Bestätigung bzw. freundlichen Wertschätzung und der Frage, manchmal auch nur der Frage.

„Frau König, Sie brauchen sich gar nicht bemühen, es wird nichts mit unserer Kooperation. Was wollen Sie mir denn anbieten, was mir all die anderen Firmen Ihrer Branche nicht Tag für Tag genauso anbieten?" – (Bestätigen:) *„Das ist wirklich eine sehr interessante Frage, Herr Prügelpeitsch. (Fragen:) Was müsste ich Ihnen denn anbieten, damit wir eventuell doch ins Geschäft kommen?"*

Zunächst kommt es im Moment eines Widerspruchs oder verbalen Angriffs immer darauf an, ihn prinzipiell nicht persönlich zu nehmen und sich augenblicklich wieder zu entspannen; die eigene Idee, den Impuls, den Druck mit Gegendruck zu beantworten, lassen wir los und lassen uns auf den anderen ehrlich ein, um ihn überhaupt erst mal zu verstehen. Solange wir nicht genau wissen, was unser Lieblingsfeind meint, fragen wir einfach so lange freundlich nach, bis wir ein exaktes Bild der Ansicht unseres Mitspielers haben. Zum Beispiel wie bei diesem Akquisegespräch: „Sparen Sie sich weitere Ausführungen, Frau König, ich habe kein Interesse." – (Fragen:) *„Sie haben woran kein Interesse, Herr Prügelpeitsch?"* – „Kein Interesse an einem Angebot Ihrer Firma." – (Bestätigen und fragen:) *„Verstehe. Wir haben viele zufriedene Kunden in Ihrer Branche. Woher kommt Ihre Ablehnung?"* – „Wir haben mit einer ähnlichen Firma wie Ihrer schon einmal sehr schlechte Erfahrungen gemacht." (Bestätigen und fragen:) *„Oh, jetzt verstehe ich Ihre Ablehnung. Das tut mir Leid. Danke, dass Sie so ehrlich mit mir sind. Was müssten wir denn besser machen, damit Sie von unserer Zusammenarbeit begeistert sind?"* Jetzt haben wir eine konstruktive Basis erreicht.

Ein anderes Beispiel: „Frau König, Sie haben doch eh nicht das Personal, das wir brauchen." – (Vage Einwände durch Fragen konkretisieren:) *„Welches Personal brauchen Sie denn, Herr Prügelpeitsch?"* – „Wir brauchen aktuell einen Astronauten mit Marserfahrung." – (Bestätigen:) *„Wow, da haben*

Sie wirklich Recht, *Astronauten haben wir nicht.* (Entwaffnendes Lächeln) *Der Punkt geht eindeutig an Sie.* (Weiterfragen:) *Welche Berufsgruppen außer diesem besonders hoch qualifizierten Personal beschäftigen Sie denn noch in Ihrem Unternehmen?"*

Die Ja-Ja-Und-Methode

Auch bei der Ja-Ja-Und-Methode nehmen wir nichts persönlich und versuchen, zu verstehen und mehr zu erfahren. Es ist eine kombinierte Yin-Yang-Technik, da sie zunächst beruhigt und dann die Absicht verfolgt, die Situation auf konstruktive Art in eine Win-win-Lösung überzuführen. Voraussetzung für die Nutzung dieser Methode ist ein konkretes Argument unseres Gegenübers, auf das wir eine Antwort parat haben, die wir so platzieren möchten, dass unser Mitspieler sich entspannt, öffnet, sie hört und positiv aufnimmt. Bei nebulösen Wischiwaschi-Aussagen funktioniert sie nicht; da empfiehlt sich eher die Fragetechnik.

> **Geheimnis Nr. 24**
> Die erfolgreiche Frau weiß, dass jeder vermeintliche Gegner ein zukünftiger Kooperationspartner sein kann.

Auf die Äußerung unseres Mitspielers bringen wir ihm gegenüber zunächst unser Wohlwollen zum Ausdruck, um seinen/ihren Kampfgeist zu beruhigen. Anschließend besinnen wir uns wieder auf unsere Ursprungsidee (unser Argument) und finden das Gemeinsame zwischen beiden Sichtweisen. Die beiderseits verträgliche Lösung bieten wir dann dem Kooperationspartner an. Dabei behalten wir über unsere kooperative Absicht, die Wahl der Formulierungen und unseren Ton die gute Atmosphäre einer „Interessengemeinschaft" im Auge (Beispiele folgen).

Unser Gesprächspartner wird damit rechnen, dass er nach seinem Einwand nun seinerseits mit einer verbalen Attacke zu rechnen hat. Die häufigste Form eines Gegenarguments ist das einleitende „Ja, aber". Das Ja dient der Höflichkeit, das Aber leitet dann den inhaltlichen Gegenschlag ein. Wenn wir ehrlicher wären, dann würden wir statt „Ja, aber" einfach „Nein, denn …" sagen, aber ein Mindestmaß an Diplomatie können wir uns dann doch nicht verkneifen. Es ist der Kampf ums Rechthaben und der Versuch, die Meinung des anderen vom Tisch zu wischen.

Die Ja-Ja-Und-Methode ist ein „Sprachtool", mit dem wir üben können, respektvoll zu denken und zu kommunizieren. Ein Aber kommt dabei nicht vor. Anfangs ist es sehr ungewöhnlich und nicht so ganz leicht, sich in Diskussionen dieses allgegenwärtige Aber abzugewöhnen, denn wir merken meist nicht einmal mehr, wie oft es uns über die Lippen kommt. Es passiert uns immer dann, wenn wir uns auf unsere Ansicht oder unser Ziel versteift haben und unbewusst nichts anderes zulassen wollen. Dieses Festhalten an der eigenen Position führt dazu, dass wir alles andere geradezu vollautomatisch und blind abwehren. Dabei könnte dieses andere doch ein unerwarteter, inspirierender Impuls sein, der unsere Sicht der Welt und unsere Denkweise auf erfreuliche Weise erweitert und weiterentwickelt.

Geheimnis Nr. 25
Königinnen versteifen sich nicht verbissen auf irgendetwas, sie schwimmen immer flexibel im Fluss des Lebens.

Schritt 1 Im ersten Schritt, dem Ja, geht es darum, den anderen und seine Äußerung wertzuschätzen. Dies ist eine wirkungsvolle Möglichkeit, ein Gespräch kooperativ zu gestalten. Begrüßen wir also grundsätzlich andere Ideen und integrieren wir sie in unser Gesamtbild. So können wir zum Beispiel einfach sagen: *„Ja, das verstehe ich.“* Punkt. Ohne Aber. Es tut dem anderen gut, es pflegt und beruhigt die gemeinsame Stimmung. Falls wir persönlich vor Ort sind, können wir diese Übereinstimmung noch dadurch unterstreichen, indem wir über die Körpersprache die Haltung unseres Gegenübers exakt spiegeln. Dieses symbolische Ja zum anderen kann sich jedes Mal wieder anders anhören, spontan und vor allem ehrlich sollte es sein. Entscheidend ist, dass wir seine/ihre Position grundsätzlich nicht als gegen uns persönlich gerichtet werten und uneingeschränkt gelten lassen, zum Beispiel so: *„Da haben Sie Recht." „Ich bin ganz Ihrer Ansicht." „Das sehe ich genauso." „Das stimmt." „Ich verstehe genau, was Sie meinen."*

Wenn unser Gegenüber über uns schlecht spricht oder etwas komplett Falsches über unsere Arbeit, unsere Abteilung, unsere Firma sagt, dann antworten wir natürlich nicht: „Da haben Sie Recht, das ist ja wunderbar!" Stattdessen helfen hier positive Äußerungen, mit denen wir nicht den Inhalt selbst, sondern die Tatsache der ehrlichen Äußerung wertschätzen, wie zum Beispiel: *„Schön, dass Sie so ehrlich sind." „Gut, dass wir so offen miteinander sprechen." „Ich bin froh, dass Sie kein Blatt vor den Mund nehmen." „Es gefällt mir, dass Sie das gleich so direkt auf den Tisch bringen."*

Friedenstiftend wirkt es auch, die Gefühle des anderen zu verstehen und mitzufühlen – jenseits der Frage, ob er/sie in der Sache Recht hat, etwa so: *„Ich verstehe Sie sehr gut." „Ich kann Ihre Bedenken sehr gut nachvollziehen." „Ich kann verstehen, dass Sie sich darüber geärgert haben."* Grundsätzlich gilt: Wenn sich unser Gegenüber über etwas freut, dann freuen wir uns mit ihm (unabhängig davon, ob es nun unserem Plan zuwiderläuft oder nicht); wenn er sich über etwas ärgert, dann fühlen wir mit ihm (unabhängig davon, ob das unserem Plan entgegenkommt). Hier ein Beispiel: „Frau König (Immobilenmaklerin), ich wollte nur den

Notartermin von morgen und den Kauf der Dreizimmer-
wohnung absagen, wir haben soeben erfahren, dass wir
eine größere Erbschaft gemacht haben, und nun überlegen
wir uns erst mal, wie es bei uns weitergeht." – *„Das freut
mich für Sie, Frau Müller-Lüdenscheid, das verstehe ich natürlich.
Melden Sie sich doch mal, wenn Sie sich über alles klar geworden
sind, vielleicht kann ich Sie ja dann wieder unterstützen."* Dazu gehört schon eine Menge Herz, denn Frau König hat mit diesem Anruf 4.000 Euro verloren, für die sie wahrscheinlich
drei Monate gearbeitet hat – und wenn sie selbstständig
ist, auch eine Menge investiert hat. Doch wenn sie Glück
hat, kommt Frau Müller-Lüdenscheid in ein paar Wochen
wieder auf sie zu und möchte dann ein Haus vermittelt
bekommen.

Wenn unser Gegenüber etwas Negatives geäußert hat, dessen inhaltliche Bestätigung ein Eigentor für uns darstellen
würde, so können wir seine positive Absicht, die unausgesprochenen positiven Wünsche herausfiltern, die hinter
der negativen Aussage versteckt sind. Dies ist meist schlicht
und einfach das Gegenteil von dem
Gesagten. Schimpft jemand über Un-
pünktlichkeit, so wünscht er sich
Pünktlichkeit. Beschwert sich jemand
über Schludrigkeit, so wünscht er
sich Genauigkeit. Bemängelt jemand Unzuverlässigkeit, so
geht es ihm um Zuverlässigkeit. Wir sprechen also statt

**Sprechen Sie über
das halb volle
Glas, nicht über
das halb leere.**

über das halb leere Glas über das halb volle. Das positive Gegenteil können wir meist leicht und ehrlich wertschätzen, denn es sind allgemein verbreitete Werte. So lenken wir den Vorwurf auf eine Gemeinsamkeit, vermeiden ein Eigentor und kommen doch zusammen.

Ein Beispiel: „Frau König, finden Sie nicht selbst, dass diese Analyse gewisse Ungenauigkeiten aufweist?" – „*Gut, Herr Prügelpeitsch, dass Sie das Thema Genauigkeit an dieser Stelle ins Spiel bringen, das ist nämlich auch eines meiner Hauptanliegen. Bei dieser Analyse war es von besonderer Bedeutung, das richtige Verhältnis zwischen einem angemessenen Rechercheaufwand und einer möglichst hohen Aussagefähigkeit zu finden. Um in einem angemessenen Zeitrahmen Ergebnisse präsentieren zu können, habe ich daher den Schwerpunkt auf … gelegt.*"

Eine weitere Möglichkeit besteht darin, das „Problem" erst mal zu neutralisieren. „Frau König, dass Ihr Unternehmen dieses Produkt auslaufen lassen will, ist für uns als langjährigen Geschäftspartner einfach inakzeptabel. Was sollen wir denn unseren Kunden sagen?" Hierauf antworten Sie etwa so: „*Ja, das ist tatsächlich ein entscheidendes Kriterium, das Sie da ins Spiel bringen.*" „*Das ist wirklich ein wichtiger Punkt, den Sie da ansprechen.*" „*Gut, dass Sie auf dieses Thema zu sprechen kommen.*" „*Danke, dass Sie mich an diesen Aspekt erinnern.*" „*Genau aus diesem Grund haben wir ein neues Produkt entwickelt, das ähnlich dem Vorläufer ist und noch zusätzliche Vorteile bietet.*"

Schritt 2   Im ersten Schritt haben wir nicht immer Ja zur Meinung unseres Gesprächspartners gesagt, doch immer Ja zu ihm. Nun erwartet er das übliche Aber. Daher sind seine psychologischen Schutzmauern trotz unserer weißen Flagge noch auf Abwehr eingestellt, seine Zugbrücke ist hochgefahren, er lauert auf unseren Gegenangriff. Daher kommt jetzt der 2. Schritt: „Ja". Hier geht es darum, die Wertschätzung glaubhaft zu machen.

Bei diesem zweiten Schritt können wir erstmalig zeigen, dass wir es ernst meinen mit unserem Respekt, natürlich auf Augenhöhe. Es geht darum, Kooperation und eine Interessengemeinschaft zu ermöglichen, die beiderseitigen Kräfte der guten Sache zuliebe zu bündeln, statt gegeneinander zu richten. Genau hier haben wir die Entscheidung zwischen Krieg und Frieden zu treffen – sehr subtil, aber dennoch. Arbeiten wir gegeneinander oder miteinander? Haben wir die Größe, einen verbalen Angriff professionell abzufangen, das Selbstbewusstsein, dem Wesen dort hinter der starren Fassade unsere Hand zu reichen? Ist uns unser Anliegen, unsere Vision wichtig genug, dass wir diese Situation aufrecht und weich meistern? Sind wir uns unserer Sache sicher genug, dass wir uns sogar einen Moment lang auf die andere Sichtweise einlassen können? Um diese Größe geht es hier

> **Im zweiten Schritt geht es nicht darum, eine Schleimspur zu hinterlassen, sondern innere Größe zu zeigen.**

im zweiten Schritt. Nicht um Höflichkeitsfloskeln oder das Hinterlassen einer Schleimspur.

Im zweiten Schritt machen wir unser erstes Ja glaubhaft. Wir begründen, warum unser erster, kooperativer, wertschätzender Satz ehrlich gemeint war. Das kann sich jedes Mal wieder anders anhören. Zum Beispiel so: „*Diesen Aspekt sollten wir bei unserer gemeinsamen Lösung vielleicht wirklich stärker berücksichtigen.*" „*Daran hatte ich vorhin auch schon mal kurz gedacht.*" „*Es ist ja wirklich so, dass …*" (Ansicht unseres Gegenübers bestätigen.) „*Erst kürzlich wurde mir bewusst, dass der von Ihnen genannte Aspekt wesentlich zum Gelingen eines Projektes wie diesem beiträgt.*" (Ein Beispiel erzählen, das die Meinung des anderen auf konstruktive Weise untermauert.)

Bei diesen beiden Ja-Schritten ist entscheidend, dass wir nicht kämpfen – nicht gegen den Gesprächspartner, gegen sein Argument, aber natürlich auch nicht gegen uns selbst. Sie dienen der Entspannung und harmonischen Überleitung zu unserem „sachdienlichen" Argument. Würden wir nun mit „aber", „dennoch", „hingegen", „andererseits" oder „trotzdem" weitermachen, so würden wir damit dieses Ergebnis von Schritt 1 und 2 mit einem Schlag wieder zunichte machen. Vertrauen ist ein zartes Pflänzchen. Ideal ist nun, wenn wir das Gespräch mit „und deswegen" oder „und daher" fortführen, denn es verbindet den vorherigen verbalen Schulterschluss harmonisch mit unserer Argumentation, ohne einen Gegensatz zu bilden. Wir spannen damit das Argument unseres Gesprächspartners vor den gemeinsamen Wagen.

Schritt 3 Durch zweimalige Bestätigung seiner Person oder Ansicht, seiner Ehrlichkeit uns gegenüber oder der geäußerten Bedenken, entspannt sich nun unser Gesprächspartner. Er fühlt sich gehört und geachtet und glaubt es uns nun auch, dass wir auf seiner Seite stehen, dass wir es gut mit ihm meinen, ihn verstehen oder ähnliche Prioritäten haben.

Erst jetzt vertraut uns der Gesprächspartner.

Nicht Feind, sondern Freund sind. Wir haben beide die Schnittmenge im Visier. Er öffnet sich innerlich. Jetzt ist der Boden bereitet für das Säen von Gemeinsamkeit. Denn das ist das Ziel des dritten Schritts: eine Verbindung herzustellen.

„Frau König, das kommt uns doch alles viel zu teuer!" – (Schritt 1 – Ja:) „Gut, *dass Sie gleich das Preis-Leistungs-Verhältnis dieser Angelegenheit ansprechen.* (Schritt 2 – Ja:) *Ich bin vollkommen Ihrer Meinung, dass das immer ein ganz wunder Punkt ist, den man prüfen muss.* (Schritt 3 – Und:) *Und deswegen habe ich Vergleichsrechnungen angestellt, was uns die Geschichte kostet und was sie uns dafür im Laufe der nächsten drei Jahre an Einsparungen einbringt. Das Ergebnis lässt sich durchaus sehen. Schauen Sie selbst.*"

Oder: „Frau König, Ihr Projekt ist doch total unrealistisch."
Darauf könnten wir so reagieren: (Bestätigen:) *„Schön, dass
wir so ehrlich miteinander reden können, Herr Prügelpeitsch. (Vage
Aussage konkretisieren durch Fragen:) Welchen Punkt genau
halten Sie dabei für nicht realisierbar?"* – „Der Zeitplan ist viel
zu kurz bemessen." – (Schritt 1 – Ja:) *„Gut, dass Sie das Thema
Zeit ansprechen. (Schritt 2 – Ja:) Ein funktionierender Zeitplan ist
natürlich das A und O eines solchen Projektes, das sehe ich genau wie
Sie. (Schritt 3 – Und:) Und daher habe ich aus allen beteiligten
Abteilungen detaillierte Zeitpläne eingeholt, um den gesamten Zeit-
bedarf besser abschätzen zu können. Ich war genauso überrascht wie
Sie, zu hören, dass …"*

Auf diese Weise bleibt das Gespräch immer konstruktiv und
im Fluss. Es ist nicht nötig, gegen den Gesprächspartner zu
argumentieren – es geht fast immer miteinander.

Bei Schritt 3 konnten wir auf kooperative Weise unser
Argument platzieren. Die Wahrscheinlichkeit, dass unser
Gegenüber das Häppchen schluckt, ist relativ groß, denn
wir haben ihn vorher bestätigt und gewissermaßen zu
unserem Verbündeten gemacht. Außerdem haben wir seinen Impuls, seinen Einwand mit unserem Handeln oder
unseren Überlegungen in ursächliche Verbindung gebracht. Warum sollte er/sie also noch dagegen sein?

Nach unserem Argument (Schritt 3) können wir direkt mit unserer Präsentation fortfahren oder ihm eine Frage stellen (Schritt 4).

Schritt 4 Damit wir nach der Beantwortung des Arguments die Gesprächsführung behalten, geben wir die weitere Richtung des Gesprächsinhaltes vor, indem wir zum Beispiel eine Frage stellen. Je nach Situation kann eine offene Frage sinnvoll sein, mit der wir die Infophase fortsetzen, oder eine Alternativfrage, mit der wir die Abschlussphase einleiten (siehe nächstes Kapitel).

Grundsätzlich haben wir bei Schritt 4 die Wahl zwischen folgenden inhaltlichen Richtungen: Wir können hinein ins Einwandthema fragen oder hinaus. Wenn wir hineinfragen, dann verlängern wir es; wenn wir hinausfragen, beenden wir es. Wofür wir uns entscheiden, hängt ab von der Frage, inwieweit das Thema zielführend ist oder nicht.

Hier ein Beispiel, bei dem sich Frau König entschieden hat, ins Einwandthema hineinzufragen – nachdem sie sich zunächst mit dem positiven, versteckten Wunsch ihres zukünftigen Lieblingskunden verbündet: „Frau König, wir arbeiten nicht mit Zeitarbeit, denn die Leiharbeiter, die Sie anbieten, können doch alle sowieso nichts." – (Schritt 1 – Ja:) *„Gut, dass Sie gleich die berufliche Qualifikation ins Spiel bringen, Herr Prügelpeitsch. Ich verstehe Ihre Bedenken.*

(Schritt 2 – Ja:) *Das theoretische und praktische Know-how einer Arbeitskraft ist natürlich entscheidend, wenn der Einsatz für Sie ein Erfolg sein soll.* (Schritt 3 – Und:) *Und deshalb klären wir vor jedem tatsächlichen Einsatz bei unseren Kunden auch exakt die Notwendigkeiten vor Ort.* (Schritt 4 – W-Frage:) *Was genau müssten denn die Mitarbeiter können, dass sie für Ihr Unternehmen eine echte Hilfe sein könnten?"*

Hinaus fragen wir, wenn das Thema derzeit noch nicht auf konstruktive Weise geklärt werden kann, es schlichtweg unerfreulich ist oder wir gerade keine gute Idee haben, wie wir damit umgehen könnten. Am elegantesten geht das mit *„Was außer … ist für Sie denn noch von Interesse?"* Hier ein Beispiel: „Frau König, ich halte nichts von dieser Software, sie hat ja keine automatische Funktion für kundenspezifische Rechnungsstellung." – (Schritt 1 – Ja:) „Kundenspezifisches *ebenso wie kundenorientiertes Vorgehen ist wirklich ein enorm wichtiger Aspekt, Frau Müller-Lüdenscheid* (Schritt 2 – Ja:), *da haben Sie vollkommen Recht.* (Schritt 3 – Und:) *Und deswegen geht der Trend in dieser Branche wieder weg von voll automatisierten Lösungen hin zu persönlicher Abrechnung und Betreuung.* (Schritt 4 – W-Frage:) *Was außer der Rechnungsstellung ist für Sie noch wichtig?"* Durch *„Was außer diesem Thema sollten wir noch bedenken?"* lenken wir auf konstruktive Weise das Gespräch weg vom Problem wieder in den Fluss neuer positiver Möglichkeiten.

Überlegen Sie sich gut, was Sie fragen, denn Fragen lenken die Aufmerksamkeit unseres Mitspielers und legen den Fokus auf das Fragethema. Fragen Sie daher nichts, was Sie

Überlegen Sie sich gut, was Sie fragen. Fragen Sie nichts, was Sie gar nicht hören wollen.

gar nicht hören wollen. Zum Beispiel: „Schlechte Erfahrungen? Was ist denn da schiefgegangen, Frau Prügelpeitsch?" Nun würde ein Schwall von Unerfreulichkeiten folgen. Es könnte unter Umständen

sinnvoll sein, stattdessen lieber in eine positive Richtung zu fragen: *„Schlechte Erfahrungen? Das tut mir Leid. Wie stellen Sie sich denn eine optimale Zusammenarbeit vor?"* Auf diese Weise erfahren wir letzten Endes genau das Gleiche, nämlich, was wir bei diesem Kunden besser machen können.

Ist das Thema ein positives, so ist auch die Stimmung konstruktiv. Das liegt daran, dass unser Unterbewusstsein bei jedem Wort versucht, aufgrund von Erlebnissen unserer Vergangenheit Bilder und Gefühle aufzurufen. Sprechen wir über Negatives, so werden automatisch negative Bilder und mit ihnen unerfreuliche Gefühle in unser Bewusstsein geholt, und sei es auch noch so kurz. Dabei nimmt das Unterbewusstsein jedes Wort erst einmal wörtlich. Und das trotz „nicht", „un-…" oder „kein", denn diese Worte können nicht abgebildet werden. Es wird daher das nächste Wort abgebildet. Erst im zweiten Schritt wird der übertragene Sinn herausgefiltert. Denken Sie jetzt nicht an einen dicken Elefanten. Schwupps, schon ist er da! Und dann machen wir ihn blitzschnell dünn oder zur Maus. Wir haben immer die Wahl, ob wir das sagen, um was es nicht geht, oder das, um was es geht. Das, was der andere nicht denken soll, oder das, was er erwarten kann. Ich empfehle die positiven Formulierungen.

Geheimnis Nr. 26
Erfolgreiche Frauen erzeugen positive Bilder und Gefühle – bei sich und anderen.

In einer Präsentation, einem Vortrag vor größerem Publikum nennen wir selbst die klassischen Einwände, wertschätzen und beantworten sie dann. „*Sie könnten nun einwenden, dass ... Dieser Gesichtspunkt ist wesentlich und muss tatsächlich berücksichtigt werden. Daher haben wir bei unserer Recherche überprüft, inwieweit dies zutrifft, und sind zu dem Ergebnis gekommen, dass es in diesem Fall unbedenklich ist, weil ...*"

Wie wir subtil die Führung übernehmen

Wenn wir seit der Begrüßungsphase, durch die Info- und Präsentationsphase hindurch und bei kritischen Äußerungen mit einem Teil unserer Aufmerksamkeit darauf geachtet haben, den Gesprächspartner zu spiegeln, dann ist es jetzt, gegen Ende der Präsentation, möglich, ins Führen überzugehen.

Prüfen Sie zunächst, ob Ihre Körperhaltung von Kopf bis Fuß immer noch der Ihres Gegenübers entspricht. Das sollte zumindest schon eine ganze Weile so sein. Haben Sie auch inhaltlich den Eindruck, dass der Gesprächspartner mit Ihnen und Ihren Argumenten sympathisiert? Dann können Sie jetzt einen unauffälligen Test machen, wie sein Unterbewusstsein tatsächlich auf Sie und die entstandene Schnittmenge zu sprechen ist.

Verändern Sie in einem Moment der inhaltlichen Übereinstimmung wie nebenbei Ihre Körperhaltung, gehen Sie also ganz bewusst mit einer Variablen aus der Spiegelung heraus. Sie saßen beide mit dem Oberkörper nach vorn geneigt auf Ihrem Stuhl? Dann lehnen Sie sich jetzt entspannt zurück. Sie hatten beide relativ eilig das Gespräch geführt? Dann nehmen Sie nun das Gas etwas raus. War der Ton bis jetzt vielleicht relativ laut, weil eine gewisse Aufregung in der Luft lag? Dann sprechen Sie ab jetzt ruhiger weiter. Und beobachten Sie dann genau, wie Ihr Gegenüber darauf reagiert. Es ist eine Frage, die Sie dem Unterbewusstsein Ihres Gesprächspartners stellen. Wie wird es antworten? Ist die Sympathie seinerseits gegeben, so wird er Ihrem Vorschlag der Veränderung folgen. Haben wir zum Beispiel unsere Sitzposition verändert, so verändert er seine auf ähnliche Weise. Sprechen wir nun leiser, so antwortet er ebenfalls leiser als vorher. Ist er jedoch uns gegenüber noch misstrauisch, so ignoriert er unser Ausscheren aus der Spiegelung und behält nachhaltig seinen Kurs bei.

Was machen wir nun damit? Wenn der Gesprächspartner noch distanziert ist, dann gehen wir mit der Körpersprache zurück in die Spiegelung und inhaltlich in die Infophase, um herauszufinden, was noch fehlt. *„Frau Müller-Lüdenscheid, Sie machen auf mich noch keinen wirklich begeisterten Eindruck. Sie können ganz offen mit mir sprechen. Was fehlt Ihrer Ansicht nach noch bei diesem Vorschlag?"*

Zeigt sich unser Gegenüber nach unserem Test kooperationsbereit, indem er nun im Gegenzug uns spiegelt, dann gehen wir direkt weiter zur Abschlussphase.

Am Telefon und bei einer Präsentation

Am Telefon ist die Situation die gleiche, nur dass wir natürlich den Körpersprache-Test nicht durchführen können. Dafür können wir jedoch zum Beispiel die Sprechgeschwindigkeit oder die Lautstärke etwas variieren.

Bei einer Präsentation bauen wir unseren Vortrag ebenfalls vom schwächsten bis zum stärksten Argument ansteigend auf. Je nach Größe des Publikums ist es durchaus denkbar, sich von Einzelnen, die uns durch freundlichen Augenkontakt, Nicken und zustimmende Körpersprache aufgefallen sind, nach jedem dieser Meilensteine ein positives Feedback zu holen. Das kann sich dann so anhören: *„Ein Vorteil des Einsatzes von Maschine x ist die hohe Flexibilität, die damit verbunden ist. Innerhalb von wenigen Minuten können wir – je nach Auftragslage – die Ausstoßmenge verdoppeln. Das wirkt sich vorteilhaft auf die Auftragsannahme aus. Sie da hinten nicken? … Wir wissen darüber hinaus, dass der Einsatz von Maschine x außerdem hilft, die personellen Fixkosten im Rahmen zu halten, denn sie ist von nur einer Person bedienbar, was bei der aktuellen Wirtschaftslage einen erheblichen Vorteil darstellt. Sie hier vorne möchten das bestätigen, weil Sie nicken. Halten Sie das für einen wichtigen Punkt?"*

Wir fragen – wieder im Sinne positiver Formulierungen – nicht: „Oder sehen Sie das anders?", denn dann ernten wir im besten Falle ein Nein. Je öfter unsere Zuhörer jedoch Ja denken und einer von Ihnen es ausspricht, umso höher ist die Wahrscheinlichkeit, dass sie auch in der Abschlussphase inhaltlich mit uns übereinstimmen. Wir arbeiten im Hauptteil eines Vortrags auch nicht mit offenen Fragen, denn das lädt längere, inhaltlich nicht kalkulierbare Äußerungen ein, die unseren Spannungsbogen verwässern, ja sogar komplett zum Erliegen bringen können. Wer seine Zuhörerschaft im Sinne eines Dialogs tatsächlich befragen will, der tut das in der Infophase, also vor dem Hauptteil seiner Ausführungen – und hier natürlich mit offenen Fragen. Wenn wir uns in der Präsentationsphase lediglich die Zustimmung unserer Zuhörer holen wollen, dann eignen sich hierfür eindeutig am besten geschlossene Fragen, die auf ein Ja hin ausgerichtet sind.

4. Phase: Der Gesprächsabschluss – wie wir Win-win-Ergebnisse erzielen

Sie erinnern sich an unsere Vorüberlegungen, noch vor diesem Termin? An die Frage, was wir hier eigentlich erreichen möchten? Durch die Infophase und Erarbeitung der Schnittmenge während der Präsentationsphase wissen wir nun, was davon – im Sinne eines Gewinns für beide Seiten – möglich und sinnvoll ist. Diese Möglichkeit „lieben" und favorisieren wir. In der letzten Phase des Gesprächs geht es darum, den nächsten gemeinsamen Schritt in Richtung erfolgreiche Kooperation zu gehen – oder zu konkretisieren. Das heißt, wir warten mit einem oder zwei Vorschlägen auf, die uns nun, angesichts der beiderseitigen Situation, am vernünftigsten erscheinen. Als Profi in Gesprächsführung sollten wir den Ausgang des Gesprächs, die Krönung unserer Zusammenkunft, nicht dem Zufall oder dem Gegenüber überlassen, sondern aktiv dazu beitragen, dass sich das Gespräch zum Bestmöglichen hin entwickelt. Es geht dabei nicht ausschließlich um das sachliche Wunschergebnis, sondern auch um die Bildung von Kooperationsbereitschaft, Netzwerkpartner, Empfehlungen, Imagepflege, langfristige Kundenbindung usw.

Geheimnis Nr. 27
Königinnen gewinnen Glück, Erfolg, Freiheit und Harmonie.
Männer neigen dazu, sich mit weniger zufriedenzugeben.

Stellen wir uns wieder einen Arzt vor, der uns nach der Leibesvisitation abwartend ansieht und ein bisschen schüchtern fragt: „Ja, wie verbleiben wir denn nun? Welches Medikament möchten Sie gern einnehmen?" Undenkbar, nicht wahr? Doch in zahlreichen Gesprächen, Meetings, Verhandlungen sieht so das „weibliche" Ende aus. Wenn wir professionell und kompetent rüberkommen wollen, dann erwartet unser Gesprächspartner eine Empfehlung. Ärzte haben oft ein dominantes Auftreten, selbst wenn sie sich nicht immer absolut sicher sein können. Ihre Klarheit wird ihnen als Zeichen von Kompetenz ausgelegt. Warum nicht dieses Bild als Beispiel nehmen? Ein guter Arzt gibt seinem Patienten ein positives Bild mit auf den Weg, empfiehlt ihm eine Therapie und bindet ihn am Ende mit in die Entscheidung ein. Etwa so: „Damit wir Ihren nervösen Darm möglichst schnell beruhigen, schreibe ich Ihnen als Erstes mal ‚Darmglück' auf, Herr Prügelpeitsch; was ist Ihnen lieber: Dragees oder Zäpfchen?"

Die Dreischritte-Technik

Dieses Vorgehen hat sich in Gesprächen aller Art enorm bewährt: Wir beginnen damit, uns zu überlegen, welcher

Vorschlag angesichts der Vorstellungen beider Seiten nun der sinnvollste ist. Für diesen Vorschlag entwickeln wir zwei Alternativen – zeitliche, qualitative oder quantitative. Als Nächstes fragen wir uns, was unser Gegenüber von diesem Vorschlag hat. Damit geht's dann los wie folgt (insgesamt nicht länger als 30 Sekunden und ohne Pause):

1. *„Damit Sie die Möglichkeit haben, …/den Vorteil haben, dass …/Ihr Ziel x möglichst bald erreichen,*

2. *schlage ich nun folgendes Vorgehen vor: Wir (Sie und ich) …*

3. *Wie ist es Ihnen lieber: … (Alternativfragen: so oder so/dann oder dann/so viel oder so viel?)"*

Ein Beispiel: *„Frau Müller-Lüdenscheid, damit Sie sich einen eigenen Eindruck von der Immobilie machen können, empfehle ich Ihnen einen Besichtigungstermin vor Ort. Wann passt es Ihnen besser: Montagvormittag oder Mittwochnachmittag?"* Diese Reihenfolge lässt unseren Gesprächspartner von Anfang an „ganz Ohr" sein, denn es geht ja um ihn – und das auch noch auf eine erfreuliche Weise. Unser Vorschlag für ihn ist wie in einem belegten Brötchen eingebettet und umrahmt von seinem Vorteil und seiner Wahlmöglichkeit am Ende. *„Damit Sie sich auch wirklich sicher sein können, dass meine Fähigkeiten dieser verantwortungsvollen Position gerecht werden, schlage ich vor, dass Sie den Arbeitsbereich erst mal probehalber für drei Monate in meine Hände geben. Und dann sehen wir weiter. Welchen Starttermin halten Sie für geeigneter: mit Wiedereintreffen des Praktikanten oder so bald wie möglich?"*

Achten Sie darauf, dass im ersten Satz unser Gegenüber die Hauptperson ist: „*Damit Sie* …“. Das kommt wesentlich besser drüben an – wie eine Möglichkeit, eine Gelegenheit, eine Chance. Er/sie bekommt etwas von uns. Wenn wir stattdessen sagen würden „Damit ich Ihnen beweisen kann, …“, klingt es so, als würden wir um einen Gefallen bitten, von dem wir etwas haben, jedoch nicht unser Mitspieler. Dann fühlt es sich für ihn so an, als müsste er uns etwas geben.

Wir wollen in der Abschlussphase zum Punkt kommen, zu einer konstruktiven und ganz konkreten Entscheidung. **Als erfolgreiche Frau überlassen wir unser Glück nie dem Zufall.** Würden wir hier eine geschlossene Frage stellen nach dem Motto: „Hier ist mein Vorschlag, finden Sie ihn gut oder nicht?“, dann hätten wir eine Erfolgswahrscheinlichkeit von 50:50. Auf geschlossene Fragen antwortet man nun mal mit Ja oder Nein. Eine Fifty-fifty-Wahrscheinlichkeit ist uns aber zu schlecht – als erfolgreiche Frau überlassen wir unser Glück niemals dem Zufall.

Würden wir mit einer offenen Frage den Abschluss einleiten („Wie wollen wir denn nun verbleiben?“), so gäben wir damit dem Gegenüber das komplette Feld der Möglichkeiten zur Auswahl. Das macht die Wahrscheinlichkeit für die von uns bevorzugte Schnittmengen-Ideal-Lösung noch geringer als bei der geschlossenen Frage. Der Mitspieler hat ja mit der Infophase nicht uns befragt, sondern wir ihn. Das heißt, er kennt unsere Vision der möglichen Zusammenarbeit nicht so gut wie wir seine. Daraus folgt, dass er auch keine genaue Vorstellung von der gemeinsamen Schnittmenge haben kann. Wer also ist in dieser Situation der Profi? Wir. Denn wir wissen genau, in welchem Bereich wir ihm helfen können und gleichzeitig uns selbst – das ist Win-win. Wer hat daher die Verantwortung für das Herbeiführen der Schnittmengen-Ideal-Lösung? Wir.

In diesem Dreischritte-Argumentationsmuster kommt daher am Ende eine Alternativfrage zum Einsatz. Die Alternativfragen zeichnen sich dadurch aus, dass wir mit ihnen die Denkrichtung relativ stark eingrenzen können, nämlich auf unsere Schnittmengenlösung, und unser Gegenüber dennoch mit in die Entscheidung einbezogen wird. Das macht diese Fragen ideal für den Gesprächsabschluss. In abgewandelter Form könnten wir im 2. Schritt auch zwei Vorschläge/Empfehlungen machen und im 3. Schritt fragen, welche von beiden unserem Mitspieler sympathischer ist. Etwa so: „*Damit wir die Position möglichst schnell wieder besetzen können, empfehle ich, entweder die Stelle auszuschreiben oder in der Abteilung Technik nach einem geeigneten internen Mitarbeiter zu suchen. Was ist Ihnen lieber?*"

Übrigens bleibt die jeweils letztgenannte Alternativfrage länger im Ohr des Zuhörers und hat erfahrungsgemäß eine höhere Durchsetzungskraft – vorausgesetzt, dem Gegenüber sind beide Vorschläge ungefähr gleich angenehm. Das heißt für uns: Wir setzen diejenige Alternative an zweite Stelle, die unser Favorit ist. Selbstverständlich verwenden wir grundsätzlich nur zwei Alternativen, die voraussichtlich uns beiden angenehm sind und die in der gemeinsamen Schnittmenge liegen.

Nach der Frage (und nicht schon vorher) machen wir eine Pause und warten, welche Wahl unser Gesprächspartner trifft. Wir halten freundlich-selbstbewussten Augenkontakt und nicken ihm ermunternd zu. Es kann einen Moment dauern, denn unser Gegenüber muss einiges durchdenken. Lassen Sie ihm Zeit. Wenn Sie ungeduldig werden und selbst wieder anfangen zu reden, vermasseln Sie es. Spielen Sie Beamtenmikado: Wer sich zuerst bewegt, hat verloren. (Nichts gegen Beamte!)

Spielen Sie Beamtenmikado: Wer sich zuerst bewegt, hat verloren.

Die Stärke dieser Methode liegt unter anderem darin, dass unser Gegenüber in der Regel geistig der alternativen Fragestellung folgt (So oder so, dann oder dann?) und gar nicht mehr darüber nachdenkt, ob er unseren Vorschlag (aus Schritt 2) überhaupt annehmen will. Es gibt an dieser Stelle der Unterhaltung drei Möglichkeiten für unseren Gesprächspartner: Entweder er wählt eine der beiden vorgeschlagenen Alternativen aus Schritt 3 – das ist die wahrscheinlichste und tatsächlich häufigste Reaktion. Oder ihm passt keine der Alternativen, gegen den Vorschlag bei Schritt 2 hat er jedoch nichts. Hatten wir zum Beispiel für einen Termin angefragt, ob ihm diese oder die nächste Woche lieber ist – und er/sie antwortet, es geht weder diese noch nächste Woche, dann bieten wir einfach weitere zwei Termine an: *„Das macht gar nichts, Frau Müller-Lüdenscheid. Wie sieht es denn dann übernächste Woche aus, ist Ihnen da lieber Anfang oder Ende der Woche?"* Jetzt dürfte es klappen.

Und die letzte, seltenste Reaktion ist die, dass unser Gegenüber den Vorschlag aus Satz 2 komplett ablehnt. *„Ist es Ihnen lieber, mich ab Mitte nächster Woche in das Projekt einzubinden oder lieber ab der übernächsten?"* – „Gar nicht, ich brauche Sie für die Abrechnung." Ups. Bedenken Sie, dass gerade Männer oft mit einem schnellen Nein oder einem Pokerface bluffen, im Grunde jedoch sehr wohl verhandlungsbereit sind. Geben Sie also auf keinen Fall sofort auf. Und wenn doch nichts geht? Na, und wenn schon. Das ist auch nicht weiter dramatisch. Dann bleiben wir – wie im gesamten Gespräch – flexibel und offen und fragen einfach, welche Idee er/sie hat, unsere speziellen Fähigkeiten bei nächster Gelegenheit in das Projekt zu schleusen, oder in ein ähnliches … Ab jetzt ist Plan B dran. Immer schön locker bleiben!

Wir haben uns ja vor dem Gespräch inhaltlich gut vor-bereitet, diese Argumente tragen wir nun vor. Die Königin spielt bei einem dominanten, autoritären Gegenüber selbstbewusst den Part der „freundschaftlichen Rivalität unter Königen". Sie zeigt ihrem Mitspieler das große Bild. *„Es geht nicht um meinen Firmenwagen, es geht um eine Motivationsmöglichkeit für jedes Teammitglied."* Oder: *„Es geht nicht darum, ob wir bei dieser Reklamation nachgeben, sondern darum, dass wir ein Zeichen setzen für die Kundenorientierung unseres Unternehmens."* Geben Sie nicht gleich auf, argumentieren Sie über Nutzen und Vorteile, nie über Jammern und Betteln. Frauen bleiben weich in der Form, aber klar und hartnäckig in der Sache. Fragen Sie nach dem Grund der Absage und gehen Sie mit mehrfachem „Warum?" immer weiter in die Tiefe, damit Sie die Art zu denken verstehen. Wenn nicht für dieses, dann hilft es vielleicht beim nächsten Mal.

> **Geheimnis Nr. 28**
> Die erfolgreiche Frau lässt sich nicht mit Almosen abspeisen.

Wenn unser Vorstoß komplett abgelehnt und momentan keinerlei Schnittmenge ersichtlich ist, dann ist das schade. Sehr schade. Nicht Sie haben verloren und der Gesprächspartner gewonnen, sondern es haben beide verloren –

nämlich die Gelegenheit einer konstruktiven Zusammenarbeit. Wir hätten wirklich gern mit ihm/ihr kooperiert und das zeigen wir auch ganz offen. Wir sind traurig, aber aufrecht – an uns liegt die Verweigerung ja nicht. Wir hätten ihm/ihr so gern geholfen, noch erfolgreicher zu sein oder noch effektiver sein/ihr Ziel zu erreichen, hätten ihn/sie stärken und nach vorn bringen wollen und können. Es ist sehr schade – für uns und für unseren Mitspieler. Wir bleiben freundlich und kooperativ, man weiß ja nie. Lassen Sie dem Gesprächspartner ein Hintertürchen offen, damit es ihm leichtfällt, falls er es sich noch anders überlegen möchte. Jetzt oder zu einem späteren Zeitpunkt.

Der Weg der Weichheit

Druck erzeugt Gegendruck, das wissen wir. Auf Druck mit Entspannung und entwaffnender Weichheit zu antworten, verwandelt augenblicklich die Situation: Der Druck hört auf. Der Weg der Weichheit ist eine sehr kraftvolle, authentische, durch und durch weibliche Handlung aus unserer königlichen Yin-Energie. Wir tun nichts, wir öffnen und zeigen uns, sind ehrlich, weich und lassen geschehen: Das eben noch angriffslustige Gegenüber ist geschockt.

Der Grad, in dem wir uns offen und verletzlich zeigen, wird bestimmt von dem Grad der Eigenliebe, mit der wir zu unseren Gefühlen stehen können. Als verletzliche, aufrechte Königin liefern wir uns nicht jämmerlich wimmernd einem anderen aus. Wir zeigen selbstbewusst unsere Gefühle – das ist etwas völlig anderes. Wir brauchen keine starke Schulter oder Stütze, wir stehen allein – so mutig und aufrecht, dass wir nicht mal den Schutz versteckter Gefühle nötig haben.

Macht aufgrund von Befehl, Einschüchterung und Kontrolle ist männlich. Weibliche Macht hat mehr mit dem Mut zur Offenheit zu tun und mit der Frage, was wir und der andere im Angesicht von Weichheit tun werden. Der Angreifer ist auf alles gefasst, nur nicht darauf – unsere Weichheit fährt ihm als paradoxe Reaktion ohne Vorwarnung in alle Glieder.

Geheimnis Nr. 29
Eine Königin verletzt niemanden; sie bleibt verletzlich.

Je bewusster wir verletzlich sind und den Mut haben, unsere Überraschung, Angst, Enttäuschung zu fühlen und zum Ausdruck zu bringen, umso mächtiger sind wir. Nicht das Verdrängen und Verstecken, sondern das Annehmen unserer Gefühle verleiht uns Macht und Würde. Wir sind eins mit uns. Die machtvolle Ausstrahlung, die daraus entsteht, macht es anderen unmöglich, Kontrolle über uns zu bekommen. Wir haben keine Angst vor den Höhen und den Tiefen des Lebens. Stärke bedeutet in diesem Zusammenhang, den Mut und Selbstrespekt, der in uns ruht, anzuwenden und unsere Verletzlichkeit liebevoll und selbstbestimmt anzuerkennen. Einem angriffslustigen Gegner diese Weichheit zu zeigen kann ihn unerwartet tief im Herzen berühren und innerhalb von Sekunden verwandeln.

Es geht hier nicht um emotionale Ausbrüche, Betteln und Gewimmer, und schon gar nicht um vorwurfvolles, zur Schau gestelltes Leiden oder einen hysterischen Gefühlsausbruch, sondern etwa um ehrliche Tränen in den Augen, vielleicht zusammen mit einem „weichen" Satz, der unsere Betroffenheit zum Ausdruck bringt, wie zum Beispiel: „Ihr Ton verletzt mich." „Es enttäuscht mich gerade, dass Sie mein Engagement nicht zur Kenntnis nehmen." „Diese Unterstellung tut mir weh, weil ich mich dem Unternehmen gegenüber sehr loyal fühle." Eine solche Handlung kann die Situation noch mal vollkommen herumreißen – auf jeden Fall transformiert sie von einem Moment auf den anderen eine harte, kalte Atmosphäre in eine menschenwürdige Begegnung. Und zwar effektiver, als dies mit allen anderen Verhandlungstechniken möglich wäre.

Wenn wir erst mal merken, dass wir auf Druck nicht instinktiv mit Flucht oder Angriff reagieren müssen, sondern eine wahrhaft königliche Wahl zwischen unserem inneren Yin und Yang haben, werden wir ruhig, mutig und abenteuerlustig. Was soll uns passieren, wenn wir keine Angst mehr vor unseren Gefühlen haben? Wir sind frei.

Der gelungene Schluss

Wenn wir eine Zusage bekommen haben, dann zeigen wir ebenfalls unsere Gefühle, wir freuen uns sehr, denn wir haben beide viel gewonnen. Jeder geht gestärkt aus dieser Zusammenkunft heraus. Sinnvoll ist es, noch während der Besprechung alle entscheidenden Aspekte des Gesprächs schriftlich in Stichpunkten festgehalten zu haben und diese Vereinbarungsinhalte nun, am Schluss, noch mal kurz zu wiederholen, damit darüber auch später noch Einigkeit herrscht. Erledigen Sie, wenn möglich, sofort die vertragliche Abwicklung für die beiderseitige Unterzeichnung, den Schriftkram usw. Jedes Verschieben könnte dazu führen, dass dem Gegenüber doch noch Zweifel kommen oder andere ihn negativ beeinflussen. Gratulieren Sie Ihrem heutigen Lieblingsmitspieler, danken Sie ihm für das entgegengebrachte Vertrauen, vereinbaren Sie gleich die nächsten konkreten Schritte.

Hat sich unser Gegenüber mit unserer Hilfe zu einer für ihn schweren Entscheidung durchgerungen, so tut es ihm gut, wenn wir ihn darin abschließend noch einmal kurz bestätigen. Nur mit einem Satz, etwa: *„Das halte ich für eine wirklich gute Entscheidung, Frau Müller-Lüdenscheid! Ich freue mich sehr auf dieses gemeinsame Projekt."* Sobald die Vorgehensweise bzw. der nun anstehende konkrete Handlungsplan entworfen ist, neigt sich die Unterhaltung ihrem natürlichen Ende entgegen. Dann bleibt uns nur noch, uns freundlich zu verabschieden, uns zu freuen und vielleicht mit netten Menschen zu feiern.

Am Telefon und bei einer Präsentation

Das alles geht am Telefon genauso wie im persönlichen Gespräch. Die Dreischritte-Technik („*Damit Sie* …") ist beispielsweise für Terminvereinbarungen eine perfekte Methode, mit der Sie Ihre Erfolgsquote dramatisch steigern können.

Bei Präsentationen gilt: Der letzte Satz ist der wichtigste, weil er am längsten nachhallt. Überlegen Sie ihn sich daher gut. Vermeiden Sie Belehrungen mit Worten wie „man muss", „Sie sollten". Empfinden Sie sich nicht als Dozentin, sondern als eine von ihnen, dann stimmt der Ton automatisch. Halten Sie bis zum Schluss ruhigen Augenkontakt mit der ganzen Runde. Wenn es zu viele sind, dann suchen Sie sich im Raum gleichmäßig verteilt ein paar „Stellvertreter". Achtung, wir suchen uns unbewusst gern lächelnde Gesichter aus. Das führt allerdings dazu, dass wir die anderen manchmal komplett ignorieren, was nicht gut ist. Bei Präsentationen, Vorträgen oder am Ende von Workshops steht ebenfalls ein Appell, eine ganz konkrete Aufforderung zur Tat, die uns als Sprecher mit einbezieht

(„wir" statt „Sie ..."), jedoch entfällt die Frage nach Alternativen. Es ist die verkürzte Version der Abschlusstechnik, nämlich nur Schritt 1 und 2. Das klingt dann etwa so: *„Damit wir diese Krise tatsächlich als Chance nutzen können, meine Damen und Herren, sollten wir als Resümee der vorangegangenen Ausführungen wesentlich proaktiver an unsere Kunden herangehen. Lassen Sie uns den Versuch wagen. Gemeinsam. Konsequent. Ab sofort! Ich freue mich darauf, es mit Ihnen anzugehen."*

Grundsätzlich gilt: Je konsequenter und ehrlicher wir unserem/unseren Gesprächspartnern Zuneigung, Wohlwollen und die Bereitschaft, engagiert unsere Unterstützung zur Verfügung zu stellen, entgegenbringen, umso „unwiderstehlicher" sind wir. Die Begegnung darf niemals in einen – noch so subtilen – Kampf ausarten, und sei es nur in unseren Gedanken oder Gefühlen. Wenn wir uns im Vertrauen auf die positiven Kräfte aller Beteiligten ausrichten und darauf konzentrieren, haben wir eine friedliche, anziehende und vertrauenswürdige Ausstrahlung – mit einer starken Wirkung. Diese innere Haltung ist viel wesentlicher am Erfolg beteiligt, als eine optimale Formulierung oder gute Argumente.

Neue wissenschaftliche Forschungen haben sogar ergeben, dass positive wie negative Gedanken und Gefühle nicht nur vor und während der Begegnung, sogar noch danach enorm wirkungsvoll sind. (Lynne McTaggert, siehe Literaturverzeichnis). Also halten Sie Ihren Glauben an ein gutes Gelingen, eine Zusage, eine positive Entscheidung oder sogar überraschende glückliche Wendung in der Zeit nach der tatsächlichen Begegnung möglichst lange aufrecht. Selbst wenn die Fakten vielleicht nicht wirklich dafür zu sprechen scheinen. Erzeugen Sie positive Bilder und Gefühle, denken Sie freundlich und kooperativ an den/die Gesprächspartner – erwarten Sie das Beste und entspannen Sie sich. Es erreicht den bzw. die anderen auf einer sehr unterschwelligen, unbewussten Ebene und wirkt dort konstruktiv. Unglaublich, aber wahr.

Die Nacharbeit – das Gespräch auswerten

„Vertrauen ist nicht die Überzeugung,
dass etwas gut ausgeht,
sondern die Gewissheit, dass es gut ist –
egal, wie es ausgeht."

Václav Havel

Nach unserem „Auftritt" können wir extrem viel lernen, indem wir die Ergebnisse auswerten. Die Informationen über unsere/n Gesprächspartner genauso wie unser eigenes Trainingsprogramm. Je systematischer wir die Nacharbeit angehen, umso mehr können wir für die Zukunft herausholen.

Infos über den Gesprächspartner

Zunächst geht es um die gewonnenen Informationen über unseren Gesprächspartner, über Hinweise auf seinen Persönlichkeitstyp, Aussagen über seine Wünsche und Motivation, seine Stärken und Schwächen usw. Was wissen wir nun alles, das wir vorher nicht wussten? Es ist gut, wenn wir unser Gegenüber beim nächsten Mal schon besser kennen – so können wir uns auf ihn einstellen und ihn leichter motivieren. Ein Mitspieler, der beispielsweise auffallend sachlich und distanziert auftritt, könnte auf dem

Weg der Weichheit vermutlich sehr stark berührt werden, denn mit Gefühlen kann er schlecht umgehen.

Führen Sie eine Datei über wichtige Gesprächspartner? Das ist tatsächlich empfehlenswert, denn man vergisst im Laufe der Zeit einfach immer wieder wichtige Details. Vor allem, wenn wir beruflich mit vielen Menschen zu tun haben. Hier können wir auch persönliche Informationen über unseren Mitspieler eintragen, falls wir welche in Erfahrung bringen konnten, etwa wie seine private Situation gerade aussieht, seinen Geburtstag, ein Hobby, die Lieblings-Weinsorte, den Fußballverein, den Namen des Hundes oder die Krankheit eines Kindes. Mit solchen Themen können wir beim nächsten Kontakt Pluspunkte sammeln (vor allem bei initiativen und stetigen Mitspielern), indem wir darauf Bezug nehmen oder ein ganz persönliches Mitbringsel dabeihaben.

Auch die Planung der nächsten Schritte gehört hier hinein, wie auch die Sicherstellung und Umsetzung aller Zusagen unsererseits.

Kontinuierlich besser werden

Ein weiterer Aspekt unserer Nacharbeit ist die Weiterentwicklung unserer kommunikativen Fähigkeiten. Auf welchen Punkt wollten wir diesmal besonders achten? Auf unsere positive Haltung, offene Fragen, spiegeln? Was ist aus diesem Vorsatz geworden, was davon konnten wir schon umsetzen?

Seien Sie nicht zu streng mit sich, sondern bleiben Sie lieber kontinuierlich dabei. Einzig und allein die Übung hilft uns, neues Verhalten zu integrieren. Übermäßig strenges Verurteilen der ersten Gehversuche beim Üben neuer Fähigkeiten ist dabei extrem hinderlich, es baut nur neue Blockaden auf. Laufen haben wir ja auch nicht an einem Tag gelernt, wie oft sind wir hingefallen. Und am Ende hat es sich doch gelohnt. Wichtig ist, dass wir uns beim Selbsttraining nicht zu viel auf einmal vornehmen, sondern schön immer eins nach dem anderen. Wer sich zu viel auf einmal vornimmt, erlebt zwangsläufig Misserfolge und schmeißt bald resigniert alles hin.

Denken Sie bei Ihrem Selbsttraining daran: Auch das Laufen haben wir nicht an einem Tag gelernt.

Wer sich kleine Einheiten vornimmt, hat deutlich mehr davon. Darauf können wir uns wesentlich besser konzentrieren und freuen uns häufiger über Teilerfolge. So macht Lernen Spaß: Fertigen Sie eine Liste von Punkten an, an denen Sie arbeiten wollen, stellen Sie dann Ihre ganz persönliche Reihenfolge der Prioritäten auf und gehen Sie anschließend jeden Aspekt Schritt für Schritt an. Sobald Ihnen etwas zur Routine geworden ist, können Sie sich dem nächsten Meilensteinchen widmen. Viele kleine Erfolgserlebnisse säumen so Ihren Weg. Das macht Mut, stärkt Ihre Ausstrahlung und zieht weitere Erfolge nach sich. Erfolge feiern gehört dazu, genauso wie der Stolz, etwas Neues probiert zu haben, oder die Zufriedenheit, das getan zu haben, was sich richtig angefühlt hat – was auch immer nun daraus wird.

Wenn es doch anders kam – vom Umgang mit Enttäuschungen

„Manchmal ist das Nichterreichen deiner Wünsche eine glückliche Wendung des Schicksals."   Anonym

Ein weiterer Fokus bei der Auswertung könnte der Abgleich zwischen unseren ursprünglichen Ambitionen und dem tatsächlichen Ergebnis sein. Vielleicht wurden unsere Erwartungen übertroffen, vielleicht auch enttäuscht. Werten Sie dabei den Kontakt nicht nur im Sinn von „gut oder schlecht gelaufen" aus, sondern gehen Sie detaillierter heran. Vielleicht konnten wir nicht das erreichen, was wir uns wünschten, dafür ist etwas anderes entstanden. Worin besteht dieses andere? Oder wir fanden das Gespräch eigentlich ganz gut – was genau war gut? Analysieren Sie die einzelnen Phasen systematisch, dann können Sie beim nächsten Mal das, was Sie gut gemacht haben, wiederholen, und das, was noch nicht so gut lief, verbessern.

Eines Tages kam Gott bei einem alten Bauern vorbei. Dieser sagte: „Du magst zwar Gott sein und die Welt erschaffen haben, aber eins muss ich dir sagen: Ein Bauer bist du nicht. Du kannst nicht mal das kleine Abc der Landwirtschaft." – „Was rätst du mir?" fragte Gott. Der Bauer sagte: „Gib mir ein Jahr und lass die Dinge nach meinem Willen geschehn und es wird keine Armut mehr geben." Gott willigte ein. Der Bauer ließ es das perfekte Jahr werden. Keine Gewitter, keine Stürme, keine Gefahren für die Ernte, alles war angenehm und er freute sich sehr. Wenn er Sonne wollte, schien die Sonne, wenn er Regen wollte, regnete es. Der Weizen wuchs so hoch wie noch nie. Aber als der Weizen geerntet wurde, waren keine Körner darin. Der Bauer war erstaunt und fragte Gott: „Alles lief optimal, was ist schiefgegangen?" Gott sprach: „Es gab keine Herausforderung, keine Reibung, kein Training im Wind. Da du alles vermieden hast, was schwierig war, hat sich der Weizen nicht voll entwickelt. Ein bisschen Rütteln an der Substanz gehört dazu, das weckt das innewohnende Potenzial. Osho

Wir brauchen keine Angst vor einem Nein zu haben, denn es bringt uns, statistisch gesehen, näher an das nächste Ja. Rückschläge gehören dazu, gerade bei umfangreichen Projekten – es ist immer Training für uns. Es ist ganz normal, dass ein gewisser Prozentsatz unserer Vorhaben nicht, nicht ganz oder nicht gleich klappt. Nehmen wir es also nicht so tragisch, wenn nicht jeder ambitionierte Anlauf im Ziel landet, aber untersuchen wir es – wo sind wir gelandet, wenn nicht im Ziel? Wenn es uns alleine betrifft, dann analysieren wir unser Verhalten, unser Motiv (wollten wir vielleicht doch gegen ihn gewinnen statt mit ihm?) – im Wechselspiel mit dem unseres Gegenübers. Wenn es unser Team betrifft, dann schauen wir unsere Erfolge und unser Verbesserungspotenzial gemeinsam an. Kooperativ natürlich. Was lief gut, was können wir ab jetzt besser? Trösten und loben, ermutigen und motivieren Sie alle Beteiligten einschließlich sich selbst – das schwört sie zusammen.

Vielleicht konnten wir (unsichtbaren) Boden gutmachen für das nächste Mal. Vielleicht sind wir auch total an die Wand gerannt und es gibt mit dieser Person oder für dieses Projekt kein nächstes Mal. Was können wir trotz allem (an Positivem) aus dieser Erfahrung herausholen und lernen für ein nächstes Mal – mit jemand anderem oder für ein anderes Projekt? Nehmen Sie Erfahrungen aller Art grundsätzlich nicht persönlich, aber werten Sie sie nüchtern und gründlich aus. Vielleicht gelingt es Ihnen schon bald, die Sache mit Humor zu nehmen und die gewonnenen Erkenntnisse nutzbringend einzusetzen. Zu jedem Gespräch gehören zwei. Wir sind nur für das Gelingen unseres Teils verantwortlich. Aber dafür zu 100 Prozent.

Man weiß nie, wozu Ereignisse später gut sein werden, auch wenn sie momentan noch so schmerzlich sind. Vielleicht ist der Hindernislauf ein Training für Fähigkeiten, die wir auf dem Weg zu unserer Vision unbedingt brauchen. Vielleicht haben wir etwas übersehen, das wir erst integrieren müssen, damit wir wirklich glücklich damit werden können? Vielleicht heißt es auch, wir sollten ein Netzwerk mit Gleichgesinnten bilden – weil es alleine nicht geht. Wer könnte das sein, wo könnten Sie die geeigneten Menschen dafür finden?

Vielleicht ist es auch eine unbewusste Form der Selbstsabotage, die in uns ihr Unwesen treibt und erst aufgelöst werden möchte? Welcher Aspekt in uns hat etwas davon, dass es nicht geklappt hat? Welcher innere Anteil hat ein Problem damit, wenn es klappt? Schauen Sie genau hin. Probleme sind Chancen für Erfolge. Wofür könnte dieser Moment gut sein? Was würde die Idealversion Ihrer selbst jetzt tun? Wie schwerwiegend werden Sie diesen Moment eines entfernten Tages im Rückblick auf Ihr gesamtes Leben werten?

Manches Nein bedeutet, der Zeitpunkt war falsch, manches Nein will uns sagen, hier geht's nicht weiter oder wir müssen noch mehr üben. Manches Nein will uns auch anregen, noch mal unsere Vision zu prüfen, vielleicht eine neue Gewichtung vorzunehmen. Vielleicht ist es ein Test, ob die eingeschlagene Richtung wirklich unsere ist? Oder vielleicht muss etwas aufhören, damit etwas ganz Neues geschehen kann? Vielleicht unterstützt uns eine konsequente Blockade im Außen dabei, einen inneren Schritt zu tun, der für den Rest unseres Lebens große Bedeutung hat. Auch Aussteigen, der Weg in die Selbstständigkeit oder eine freiberufliche Tätigkeit kann ein reizvoller neuer Schritt sein. Wenn Sie mit solchen Fragen alleine gar nicht weiterkommen und das Gefühl haben, ein Coaching könnte helfen – genau dafür wurde es erfunden!

Wer Erfolg anstrebt, hat es automatisch auch mit Scheitern mancher Vorhaben zu tun, denn er begibt sich mutig auf Neuland. Es wäre utopisch, zu erwarten, es könnte immer alles klappen. Trotzdem tut es weh, wenn es anders kommt, als wir es uns erhofft haben. Als Königin ziehen wir uns zurück und erlauben uns unsere Gefühle der Enttäuschung, Trauer, Wut und Erschöpfung. Im Rückzug entsteht in seiner eigenen Zeit die Erneuerung aus unserer Tiefe. Alles hat seine Zeit: Aktivität, Passivität, Tag und Nacht. Wie Sommer und Winter sich abwechseln, so gehört auch die Ruhepause nach einem Kraftakt zum großen Rad des Lebens. Was wirklich zu uns gehört, das kommt zu uns zurück bzw. bleibt trotz aller Widrigkeiten bei uns.

> **Ziehen Sie sich zurück und lassen Sie Ihre Enttäuschung zu. Danach krempeln Sie die Ärmel hoch – es geht in die nächste Runde!**

Unwesentliches wird vernichtet, das Leben befreit uns manchmal von Unnötigem. Gönnen wir uns die Trauerzeit, denn sie zu verdrängen kostet Königinnen-Energie. Wir können die Phase des Stillstands nutzen, um uns zu erholen und wieder zu Kräften zu kommen. Die Chinesen sagen, Rückzug und Sammlung stärkt unsere Wurzeln, wie jeder Winter. Es ist ein Sterben und Wiedergeborenwerden, egal wie kurz oder lang es dauert. Keine Erfahrung, kein Bemühen war umsonst. Das Yin, unsere innere Frau, ist die Meisterin der Stille, des Beschützens und des Bewahrens. Wir haben von Natur aus die Fähigkeit, Dinge in uns sich entwickeln zu lassen, im Verborgenen reifen zu lassen. Im Rückzug kommen wir zu Klarheit, welche Botschaft für uns hilfreich ist. In unserer Yin-Energie sind wir weich und biegsam. Diese Fähigkeiten können wir jetzt nutzen, um uns wieder zu sammeln, neue Vorbereitungen zu treffen und schließlich einen neuen Anlauf zu wagen. Wenn wir die Erfahrungen ausgewertet haben, können wir die Trauer loslassen und uns einer neuen Erkenntnis öffnen.

Geheimnis Nr. 30
Die Königin weiß: Wenn sie das Leben zeitweise verurteilt, verpasst sie die Gelegenheit, es bedingungslos zu lieben.

Nach dieser Phase tut uns Bewegung gut, sie bringt Körper und Geist wieder in unsere Yang-Energie. Lesen Sie ein Buch, das Sie motiviert, hören Sie eine Motivations-CD oder holen Sie sich eine entsprechende DVD. Und dann krempeln Sie die Ärmel wieder hoch. Es geht in die nächste Runde!

Nachwort

Mit der Lektüre dieses Buches haben Sie Ihre Vision aktiviert und sich optimistisch auf die nahe Zukunft ausgerichtet. Sie haben sich selbst in die richtige Verfassung gebracht, Ihr Bestes dafür zu geben, sich sowohl fachlich als auch psychologisch darauf vorbereitet, ein kompetentes Gespräch zu führen, und die Erfolgsaussichten nach allen Regeln der Kunst optimiert. Mehr können Sie nicht tun. Jetzt tritt Phase 2 in Kraft – eine ganz besondere Fähigkeit von Frauen: Vertrauen Sie Ihrer Anziehungskraft. Wir ziehen über unsere innere Ausrichtung, Vorfreude und unser Vertrauen die Erfüllung unserer Seelenwünsche an und die dafür nötigen Erfahrungen und Trainingssequenzen.

Jetzt können Sie entspannt darauf vertrauen, dass Sie das Leben, Ihr Unterbewusstsein, Ihre Intuition und nicht zuletzt Ihr Gegenüber unterstützen werden. Und wenn nicht, dass dieser Kontakt von ganz allein im Sand verlaufen wird und sich ein neuer auftut. Sie wissen, jetzt geschieht, was geschehen soll. Sie können loslassen.

Männer versuchen, Erfolg zu erkämpfen. Doch weiblicher Erfolg ist vielschichtiger, wir arbeiten nicht nur mit Taten, sondern auch über Magnetismus und Vertrauen. Das ist das Paradoxon des Erfolgs: Er lässt sich nicht durch irgendein noch so ausgefeiltes oder noch so fleißiges Tun mit 100-

prozentiger Gewissheit herbeiführen. Wenn wir jedoch nichts für ihn tun, so kann er auch nicht geschehen. Erfolg ist nicht männlich. Erfolg ist auch nicht weiblich. Erfolg ist das Ergebnis der Zusammenarbeit unserer männlichen und unserer weiblichen Seite. Deswegen müssen wir zwar alles in unserer Macht Stehende dafür tun, manchmal mit unserer friedvollen Kriegerin (unserer „männlichen" Seite) dafür kämpfen, aber auch den „weiblichen" Magnetismus der Anziehung aufbauen, auf den richtigen Zeitpunkt und einen Impuls unserer inneren Führung warten und vertrauen können. Jeden Moment im Fluss sein, in Bewegung und doch in wachsamer, empfänglicher innerer Stille. Im Zen-Buddhismus heißt das „das tunlose Tun". Aus dieser Quelle entstammt ganzheitlicher Erfolg.

Der Begriff Liebe klingt im Berufsleben immer (noch) ein bisschen überzogen – Sympathie ist schon mehr als genug. Das liegt daran, dass das Berufsleben seit sehr langer Zeit von Männern geprägt wurde. Daher hat es heute den Geschmack von Sachlichkeit, Distanziertheit und Kampf. Es gehört heutzutage zu einem professionellen Auftreten, dass wir cool sind, eine gewisse Gefühllosigkeit an den Tag legen und unsere Ellbogen einsetzen. Je mehr wir Frauen den uns zustehenden Raum einnehmen, umso mehr werden auch die weiblichen Qualitäten in das Berufsleben einziehen. Auch im Beruf profitieren alle, wenn wir uns auf die Verwandtschaft mit anderen Menschen besinnen.

Das neue Miteinander zwischen Männern und Frauen im Beruf, die harmonische Ergänzung der Stärken beider Geschlechter ist die Verantwortung von uns Frauen, denn sie einzuführen, aufzubauen und zu pflegen erfordert weibliche Fähigkeiten. Meiner Meinung nach ist das sogar eine der größten Herausforderungen des 21. Jahrhunderts.

Wenn wir uns als Teil von allen und allem fühlen und danach handeln, dann wird die Menschheit erwachsen und heil. An die Stelle von blinden Reaktionen aus Angst vor Einsamkeit und Versagen tritt verantwortungsvolles, intuitives Handeln aus dem Bewusstsein des Verbundenseins mit dem Rest der Welt. Eine solche Verbundenheit zu fühlen ist etwas, wozu Frauen den besseren Zugang haben. Deswegen liegt es an uns, dieses Bewusstsein auch im Berufsleben einzubringen. Für uns alle. Für eine neue Zeit.

Ich wünsche Ihnen von Herzen alles Gute!

Ihre Jutta D. Blume

Danksagung

Besonders möchte ich meiner Lieblingslektorin Angelika Lenz für ihre „Herz- und Hirn-Unterstützung" danken.

Anhang

Über die Autorin

Die studierte Diplompsychologin und Psychotherapeutin blickt auf eine erfolgreiche Karriere im psychologischen wie auch wirtschaftlichen Umfeld zurück. Sie arbeitet seit 1995 selbstständig als Psychologin in Nürnberg und bundesweit als Seminarleiterin. Bezüglich ihres Privatklientels ist sie spezialisiert auf Themen wie Partnerschaft, Angst-/Stresszustände, Visionsfindung und akute Krisenintervention. Im Businessbereich ist sie mit ca. 10 Jahren Vertriebs- und Führungserfahrung als Coach und Trainerin in den Bereichen Verkauf, Führung, Vision, Teamarbeit und Konfliktmanagement in ganz Deutschland tätig. Jutta D. Blume ist NLP-Trainerin, akkreditierte Insights-Beraterin, in Organisations- und Familienstellen ausgebildet und Autorin zahlreicher, erfolgreicher Bücher und Fachartikel. Ihre Bücher wurden in mehrere Sprachen übersetzt. An der Fachhochschule Jena war sie Lehrbeauftragte für Kommunikation im Fachbereich Marketing und Kommunikation. Im Jahr 2003 gründete sie den Lichtpunkt Nürnberg; Seminarplattform und Fundgrube für Bücher und Produkte, die der persönlichen und spirituellen Entwicklung dienen.

Weitere Veröffentlichungen

Frauen wollen reden, Männer hören nicht zu. Tipps und Anregungen für eine glückliche Beziehung. Moewig (2002)

Ich dich auch, Liebling. Warum Beziehungen wundervoll
sind, wenn man miteinander spricht. humboldt (2008)
Minenfeld Partnerschaft. Wege aus der Beziehungskrise.
humboldt (2009)

Kontakt:
www.jutta-d-blume.de; kontakt@jutta-d-blume.de
Training und Coaching:
Tel. 09171 853412; Mobil: 0179 5969101

Informationen über Vorträge und Seminare von Jutta D.
Blume, Meditationszubehör zur Einrichtung des Medita-
tionsplatzes der Königin, Bücher, CDs, DVDs zum Thema
und vieles mehr erhalten Sie bei:
Lichtpunkt, Seminar- & Meditationszentrum
Irrerstr. 17, 90403 Nürnberg, Tel. 0911 2342866
Internet: www.lichtpunkt-nuernberg.de
E-Mail: info@lichtpunkt-nuernberg.de

Literatur

Berckhan, Barbara: Die etwas intelligentere Art, sich gegen dumme
Sprüche zu wehren. Selbstverteidigung mit Worten. München:
Heyne 2001
Berckhan, Barbara: Judo mit Worten. Wie Sie gelassen Kontra geben.
München: Kösel 2008
Blume, Jutta D.: Ich dich auch, Liebling. Warum Beziehungen wun-
dervoll sind, wenn man miteinander spricht. Hannover: hum-
boldt 2008

Covey, Stephen R.: Die sieben Wege zur Effektivität. Prinzipien für persönlichen und beruflichen Erfolg. Offenbach: Gabal 2005

Enkelmann, Claudia E.: Die Venus-Strategie. Ein unwiderstehlicher Karriereratgeber für Frauen. Wien/Frankfurt: Wirtschaftsverlag Carl Ueberreuter 2001

Erhardt, Ute: Gute Mädchen kommen in den Himmel, böse überall hin. Warum Bravsein uns nicht weiterbringt. Frankfurt/Main: Krüger 1994

Goleman, Daniel: Emotionale Intelligenz. München/Wien: Hanser 1996

Grabhorn, Lynn: Aufwachen – Dein Leben wartet: Die erstaunliche Macht der Gefühle. München: Arkana 2004

Li, Christine; Krautwald, Ulja: Der Weg der Kaiserin. Wie Sie die alten chinesischen Geheimnisse weiblicher Lust und Macht für sich entdecken. München: Knaur 2003

Markel, Ruth: Karriere ist weiblich. Wegweiser für Frauen in ein erfolgreiches Berufsleben. Reinbek: Rowohlt 1989

McTaggart, Lynne: Das Nullpunkt-Feld. Auf der Suche nach der kosmischen Ur-Energie. München: Goldmann 2007

Mohl, Alexa: Auch ohne daß ein Prinz dich küßt. NLP-Kommunikationsmethoden & Lernstrategien. Ein Lernbuch für Frauen. Paderborn: Junfermann 1994

Osho: Das Buch der Frauen. Die Quelle der weiblichen Kraft. München: Ullstein 2008

Osho: Das Orangene Buch. Köln: Innenwelt Verlag 2009

Osho: Transformationskarten. Einsichten und Gleichnisse für ein gutes Leben. Neuhauen – Schweiz: AGMüller Urania 2006

Rubin, Harriet: Machiavelli für Frauen. Strategie und Taktik im Kampf der Geschlechter. Frankfurt/Main: Wolfgang Krüger Verlag 1998

Scheelen, Frank M.: Menschenkenntnis auf einen Blick. Sich selbst und andere besser verstehen. Landsberg – München: mvg 2000

Scheinfeld, Robert: Raus aus dem Geld-Spiel! Ihr Wegweiser für den täglichen Kampf ums liebe Geld. Börsenmedien: Books4success 2009

Schenkel, Susan: Mut zum Erfolg. Warum Frauen blockiert sind und was sie dagegen tun können. Frankfurt/Main – New York: Campus 1992

Schneider, Barbara: Fleißige Frauen arbeiten, schlaue steigen auf. Wie Frauen in Führung gehen. Offenbach: Gabal 2009

Secretan, Lance: Ganz oder gar nicht! Die sechs Prinzipien bewusster Führung und die Kunst, Unternehmen vom Sand im Getriebe zu befreien. Bielefeld: Kamphausen 2007

Seiwert, Lothar; Kammerer, Doro: Endlich Zeit für mich! Wie Frauen mit Zeitmanagement Arbeit und Privatleben unter einen Hut bringen. Landsberg am Lech: mvg 2000

Sprenger, Reinhard K.: Das Prinzip Selbstverantwortung. Wege zur Motivation. Frankfurt/Main: Campus 1998

Strelecky, John: The Big Five for Life. Was wirklich zählt im Leben. München: dtv 2007

Tabernig, Christina; Quittschau, Anke: Business Knigge für Frauen. Sicher auftreten im Beruf. Das Trainingsbuch. München: Haufe 2006

Vogel, Ingo: Das Lust-Prinzip. Emotionen als Karrierefaktor. Offenbach: Gabal 2008

Weidner, Jens: Die Peperoni-Strategie. So setzen Sie Ihre natürliche Aggression konstruktiv ein. Frankfurt/Main: Campus 2005

CDs und DVDs

Deuter, Chaitanja: Meditationsmusik, z. B. Sea & Silence (CD)

Millman, Dan: Peaceful Warrior (Der Pfad des friedvollen Kriegers). Horizon Film 2009 (DVD)

Osho: Dynamic Meditation, Kundalini Meditation, Nadabrahma u. a. Innenwelt Verlag; New Earth Records (CDs)

Vicente, Mark: What the bleep do we (k)now. Horizon Film (DVD)

Register